ENCYCLOPEDIA FOR CHILDREN

中 国 少 儿 百 科 知 识 全 书

鲸 豚 王 国

从四足小兽到海洋巨兽

张新桥 / 著

少年儿童出版社

　　3亿多年前，鱼类从海洋登上陆地，演化出各种陆生生物。不过，大自然总是令人难以捉摸。也许是为了更少的天敌、更多的食物及更大的生存空间，大约5000万年前，一群陆生生物又努力重返海洋，化作鱼的模样，它们就是海洋里的哺乳动物——鲸豚类。

　　如今，在昏暗的海洋里，"地球最大嗓门"蓝鲸一声怒吼，人类竟然听不到？"异形海怪"抹香鲸大战大王乌贼，胜利最后属于谁？北极的浮冰下真的有独角兽吗？凶猛异常的虎鲸竟然是海豚？神秘的喙鲸为何神龙见首不见尾？……一切谜团的答案，尽在书中！

中国少儿百科知识全书
ENCYCLOPEDIA FOR CHILDREN

总　序

科技是第一生产力，人才是第一资源，创新是第一动力，这三个"第一"至关重要，但第一中的第一是人才。千秋基业，人才为先，没有人才，科技和创新皆无从谈起。不过，人才的培养并非一日之功，需要大环境，下大功夫。国民素质是人才培养的土壤，是国家的软实力，提高全民科学素质既是当务之急，也是长远大计。

国家全力实施《全民科学素质行动规划纲要（2021—2035年）》，乃是提高全民科学素质的重要举措。目的是激励青少年树立投身建设世界科技强国的远大志向，为加快建设科技强国夯实人才基础。

科学既庄严神圣、高深莫测，又丰富多彩、其乐无穷。科学是认识世界、改造世界的钥匙，是创新的源动力，是社会文明程度的集中体现；学科学、懂科学、用科学、爱科学，是人生的高尚追求；科学精神、科学家精神，是人类世界的精神支柱，是科学进步的不竭动力。

孩子是祖国的希望，是民族的未来。人人都经历过孩童时期，每位有成就的人几乎都在童年时初露锋芒，童年是人生的起点，起点影响着终点。

培养人才要从孩子抓起。孩子们既需要健康的体魄，又需要聪明的头脑；既需要物质滋润，也需要精神营养。书籍是智慧的宝库、知识的海洋，是人类最宝贵的精神财富。给孩子最好的礼物，不是糖果，不是玩具，应是他们喜欢的书籍、画卷和模型。读万卷书，行万里路，能扩大孩子的眼界，激发他们的好奇心和想象力。兴趣是智慧的催生剂，实践是增长才干的必由之路。人非生而知之，而是学而知之，在学中玩，在玩中学，把自由、快乐、感知、思考、模仿、创造融为一体。养成良好的读书习惯、学习习惯，有理想，有抱负，对一个人的成长至关重要。

为孩子着想是成人的责任，是社会的责任。海豚传媒

与少年儿童出版社是国内实力强、水平高的儿童图书创作与出版单位，有着出色的成就和丰富的积累，是中国童书行业的领军企业。他们始终心怀少年儿童，以关心少年儿童健康成长、培养祖国未来的栋梁为己任。如今，他们又强强联合，邀请十余位权威专家组成编委会，百余位国内顶级科学家组成作者团队，数十位高校教授担任科学顾问，携手拟定篇目、遴选素材，打造出一套"中国少儿百科知识全书"。这套书从儿童视角出发，立足中国，放眼世界，紧跟时代，力求成为一套深受 7 ~ 14 岁中国乃至全球少年儿童喜爱的原创少儿百科知识大系，为少年儿童提供高质量、全方位的知识启蒙读物，搭建科学的金字塔，帮助孩子形成科学的世界观，实现科学精神的传承与赓续，为中华民族的伟大复兴培养新时代的栋梁之材。

"中国少儿百科知识全书"涵盖了空间科学、生命科学、人文科学、材料科学、工程技术、信息科学六大领域，按主题分为120册，可谓知识大全！从浩瀚宇宙到微观粒子，从开天辟地到现代社会，人从何处来？又往哪里去？聪明的猴子、忠诚的狗、美丽的花草、辽阔的山川原野，生态、环境、资源，水、土、气、能、物，声、光、热、力、电……这套书包罗万象，面面俱到，淋漓尽致地展现着多彩的科学世界、灿烂的科技文明、科学家的不凡魅力。它论之有物，看之有趣，听之有理，思之有获，是迄今为止出版的一套系统、全面的原创儿童科普图书。读这套书，你会览尽科学之真、人文之善、艺术之美；读这套书，你会体悟万物皆有道，自然最和谐！

我相信，这次"中国少儿百科知识全书"的创作与出版，必将重新定义少儿百科，定会对原创少儿图书的传播产生深远影响。祝愿"中国少儿百科知识全书"名满华夏大地，滋养一代又一代的中国少年儿童！

中国科学院院士
火山地质与第四纪地质学家

目　录

海洋里的哺乳动物

尽管鲸生活在水中，外形看起来几乎和鱼一样，人们也喜欢叫它们"鲸鱼"，但它们真的不是鱼。

滤食巨兽——须鲸

这是一群性情温和、行动迟缓的海洋巨兽，它们没有牙齿，嘴巴里长满了像梳齿一样的鲸须，头顶还有两个大大的鼻孔。

利齿猎手——齿鲸

这是一群拥有尖牙利齿的狩猎者，它们只有一个鼻孔。和一生都在换牙的鲨鱼不同，它们一生只有一副牙齿！

鲸的一生

　　鲸是非常有灵性的生物，它们出生在海洋里，死后也会以一场隆重的"葬礼"——鲸落，回报这片养育过它们的大海。

保护鲸豚

　　你很难想象，在海洋里一天畅游上百千米的生灵，被囚禁在海洋馆的方寸之地是什么感受！

附　录

揭秘更多精彩！

奇趣AI动画

走进"中百小课堂"
开启线上学习

让知识动起来！

扫一扫，获取精彩内容

鲸鱼不是鱼

鲸尽管生活在水中，外形看起来几乎和鱼一样，人们也常叫它们"鲸鱼"，但它们更喜欢"鲸"这个名字，因为它们真的不是鱼。科学家通过对鲸的基因组进行测序，发现鲸和鱼无亲无故，河马才是和鲸关系最近的物种！

虽然看起来八竿子打不着，但河马的确是鲸的近亲，5000万年前它们是一家。

印多霍斯兽是鲸豚类祖先的近亲。

知识加油站

鲸有狭义和广义之分。狭义的鲸指的是须鲸，也就是以蓝鲸为代表、体形巨大、没有牙齿、依靠鲸须过滤小动物为食的鲸类，它们是滤食性动物，性格温和，没有攻击性。广义的鲸指包括须鲸和齿鲸在内的庞大的水生哺乳动物群体，称为鲸豚类，包括蓝鲸、抹香鲸、海豚、鼠海豚、白鳍豚等。本书所说的鲸是广义的鲸。

鼻孔（呼吸孔）　　　　　　眼　睛

吻　部

喉腹褶

越来越像鱼

在同一环境中的有些动物虽然外形上看起来非常相似，但它们可能毫无血缘关系，这是适应同一生存环境的结果。例如，企鹅虽然是一种鸟，但它的翅膀早已变成鳍，无法支持飞行，倒是可以像海豹一样游泳。

在水中待了几千万年后，鲸找到了海洋里的生存之道：要想在水下快速游动、省力前进，必须拥有流线型的身材；扁平的鳍最适合在水下控制方向并加速行进。经过一番演化，它们的"皮毛外衣"渐渐褪去，皮肤变得越来越柔软，越来越光滑，四肢也慢慢演化为扁平的鳍肢或完全退化。这一切带来的结果就是，它们看起来越来越像鱼！

"消失"的四肢

与鲸不同，大鲨鱼自诞生之日起，就一直生活在水里。它们始终竖着尾巴，身体左右摇摆，几乎没怎么变过。

鲸并非生来就属于海洋，它们的祖先曾经是生活在陆地上的哺乳动物，拥有发达的四肢。在走向海洋以后，四肢逐渐"消失"，前肢变成了划水的"桨板"（鳍肢），后肢几乎完全退化，但尚有骨盆和股骨的残迹。尾骨的两侧延展出来的结缔组织变成了横着的尾鳍。如今，它们早已换了模样，甩动尾巴，上下摇摆，俨然是游泳健将。

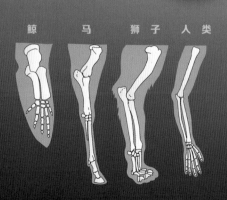

鲸　马　狮子　人类

鲸的鳍骨有 5 根指头，和其他哺乳动物的前肢骨十分相似。

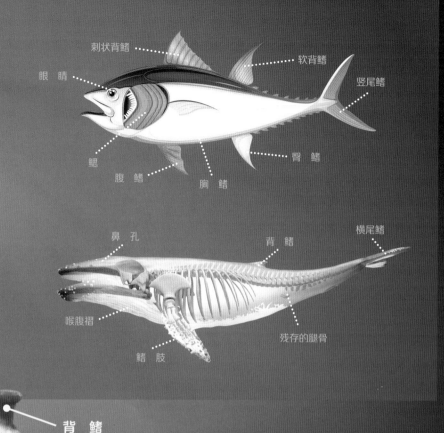

鱼

1. 鱼是卵生动物，通过产卵的方式进行繁殖。
2. 鱼用鳃呼吸，摄取溶解在水中的氧气，可以一直待在水下。
3. 鱼的尾鳍是竖直的，游泳时尾巴左右摆动。
4. 鱼是变温动物，体温随水温的变化而变化。

刺状背鳍　软背鳍　竖尾鳍　眼睛　鳃　腹鳍　胸鳍　臀鳍

鲸

1. 鲸是胎生动物，鲸宝宝在母鲸体内发育，出生后靠喝母鲸的乳汁长大。
2. 鲸用肺呼吸，由头顶的鼻孔换气。它们每隔一段时间必须浮出水面换气，否则会被憋死。
3. 鲸的尾鳍是水平的，游泳时尾巴上下摆动。
4. 鲸是恒温动物，平均体温约 36℃，无论身处冷热水域，都维持这一体温。

鼻孔　背鳍　横尾鳍　喉腹褶　鳍肢　残存的腿骨

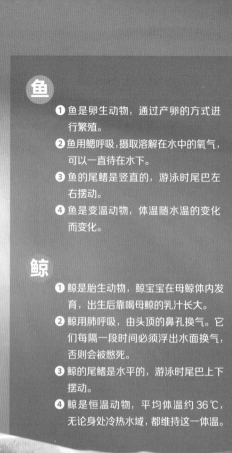

背鳍

尾鳍

鳍肢

竖着尾鳍的大白鲨

横着尾鳍的虎鲸

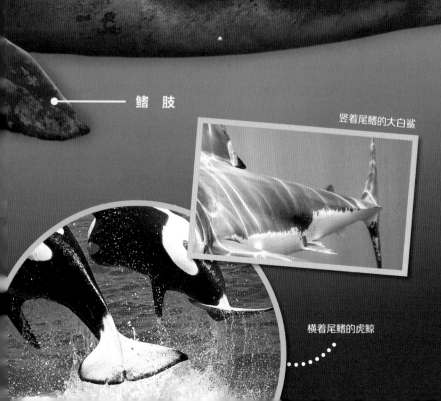

半睡半醒

由于生活在水中，鲸不能像人类一样不费力气、本能地自由呼吸，它们必须定时浮出水面换气。但鲸不是永动机，需要睡觉休息，如果它们睡过头，忘记了呼吸，不能及时醒来怎么办？为了解决睡觉问题，一些鲸进化出一套睡眠绝招——半睡半醒，即某一时段内，"关闭"一半大脑，让其进入睡眠状态，而另一半大脑则保持清醒，注意体内的氧气是否充足，同时警惕海洋里的动静。

鲸的逆向演化

3 亿多年前，鱼类从海洋登上陆地，随后演化出各种陆生脊椎动物。不过，大自然总是令人难以预料。也许是为了更少的天敌、更多的食物以及更大的生存空间，大约 5000 万年前，一群陆生脊椎动物又努力重返海洋，化作鱼的模样。它们就是海洋里的哺乳动物——鲸。

知识加油站

虽然鲸的耳廓已经消失，耳道和鼓膜也早已退化，但由于颅骨腹面有 1 对由围耳骨和听囊构成的、呈贝壳状的听骨泡，它们对水下的声音极为敏感。

四足祖先

1979 年，美国古生物学家菲利普·金格里奇在巴基斯坦发现了一块距今约 5000 万年的古生物头骨化石。它看起来像一只狼，耳内却有一对突出的听骨泡，这种听骨泡是鲸独一无二的标记。金格里奇敏锐地捕捉到这一重要信息，宣布自己找到了鲸的祖先，并将它命名为"巴基鲸"。

腹面　　　　　　正面

听骨泡

巴基鲸是已知最古老的鲸，但它看起来不太像现代鲸，反而更像一只狼。

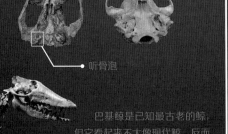

巴基鲸

大约5000万年前，鲸的四足祖先——巴基鲸试图移居到温暖的水域。它用4条腿在水中滑行，用嘴巴捕鱼。久而久之，它的嘴巴越来越长，牙齿越来越锋利。但在水中游动很费劲，它还是更喜欢在陆地上奔跑。

游走鲸

大约4800万年前，形似鳄鱼的游走鲸出现了。它喜欢潜入水底，悄悄跟踪猎物，一旦找到机会接近猎物，它就会发动快攻，动作迅捷得如水獭一般。不过，得手后，它还是"不改本性"，把猎物拖到岸上慢慢享用。

雷明顿鲸

大约4500万年前，雷明顿鲸开始了水陆两栖的生活。它的鼻孔还在吻部前端，但头部变得窄长，四肢进一步缩短，发达的尾部长而有力。它可以通过扭动尾巴和躯干，在水中前进。

龙王鲸

　　大约4100万年前，凶猛的龙王鲸已经完全适应了海洋生活，它的后肢也变成了两条"小短腿"。由于身材纤细、瘦长，龙王鲸看起来就像是一条长达20米的大海蛇。

矛齿鲸

　　大约4000万年前，矛齿鲸出现了。它已经是十足的水栖动物，只有脊椎后部还连着一对不起眼的腿骨，看起来和现代鲸差不多了。

原　鲸

　　说到彻底走向海洋，原鲸自然功不可没。尽管它仍然拥有后肢，但身体越来越光滑，尾巴也能够强有力地摆动了。它可以在海中待上很长时间，也完全听得见水中的声音，偶尔才会上岸繁殖或者晒晒太阳。

齿　鲸

　　和古鲸祖先一样，齿鲸依旧是掠食动物，满口锋利的牙齿就是它的武器。不同的是，它的后肢形态和功能完全退化，只剩一小块骨头（即痕迹器官）藏在体内。

须　鲸

　　须鲸的身手已不再敏捷，它的巨嘴里长满了细密的鲸须，一口便将海水和小猎物吞进嘴巴，再用像滤网一样的鲸须将海水过滤出去，几小时就能滤食数吨食物。

滤食巨兽

海洋里最庞大的动物并非牙齿尖利的捕食者，而是性情温和、行动迟缓的滤食巨兽——须鲸。这些巨兽没有牙齿，它们的嘴巴里长满了像梳齿一样的鲸须。世界上最大的动物蓝鲸就是这个家族赫赫有名的成员。

滤食武器——鲸须

如果须鲸张开巨嘴，我们会看到，它的上颌垂挂着密密麻麻的鲸须，像梳齿一样。仔细一数，每侧有鲸须100多片到400多片不等。这些鲸须的成分是角质蛋白，和我们头发、指甲的成分一样，它们会不停地生长。

须鲸不仅体形庞大，胃口也大得出奇。它们常常大口大口地吞下海水和食物，一张嘴就能吞下好几吨。由于水太多，它们得想办法把水吐出来，但如何才能只吐水不吐食物呢？这时，鲸须就会派上用场，它就像一个大滤网，拦截口中的小鱼虾，只将海水全部排出嘴外。

须鲸张开大口，将磷虾、小鱼和大量海水一股脑儿吞入口中，喉腹褶迅速被撑开。

须鲸半闭嘴巴，用舌头抵住上颌，用鲸须挡住食物，只将口中的海水挤出口腔。

两个大鼻孔

和人类一样，须鲸用肺呼吸，也有两个鼻孔，也就是它们的呼吸孔。不过，须鲸的鼻孔长在头顶上，周围的皮肤非常敏感。只有露出水面的时候，须鲸才会放心地打开鼻孔，喷出废气，再吸上几口新鲜空气。

小磷虾和大胃王

须鲸是大胃王，虽然每日的餐食可能是比手指还短的小磷虾，饭量却大得惊人。蓝鲸一口就能吞下大约200万只磷虾，一天的饭量约为4吨。

鲸须板

鲸须毛

鲸须由鲸须板和鲸须毛组成，它们从上颌悬垂而下，成为须鲸的滤食器官。

利齿猎手

除了滤食巨兽，鲸豚王国还有一群牙尖齿利的狩猎者，它们就是齿鲸。与一口吞下几吨海水的须鲸相比，大多数齿鲸的体形相对小得多，胃口也小了不少。它们长着坚固的大牙齿，以捕食鱼类、乌贼等为生，偶尔也会捕食哺乳动物。

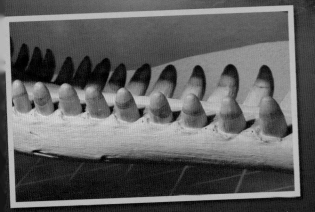

齿鲸家族中牙齿最大的当属抹香鲸，它的一颗巨牙重达1千克。奇怪的是，它的牙齿只长在下颌。

🔆 知识加油站

目前，我们已知的齿鲸多达 70 余种，包括抹香鲸、一角鲸、白鲸、喙鲸、鼠海豚和海豚等。在如此庞大的齿鲸家族中，海豚是最主要的成员，现存近 40 种。我们都知道虎鲸是凶猛无比的"杀人鲸"，其实它也是一种大型海豚。

捕食武器——利齿

绝大多数齿鲸的牙齿呈圆锥状（但江豚的牙齿呈铲状，白鲸的呈钉状，一角鲸的呈长矛状），和鳄鱼的十分相似。有了满口锋利的牙齿，齿鲸就可以对付鱼类、乌贼等猎物。但这种牙齿似乎不太利于咀嚼，所以它们更愿意用牙齿一口咬住猎物，然后将其整个吞下。

不过，齿鲸得好好爱惜自己的一副牙齿，毕竟它们一生都不会换牙。好在它们的牙齿比较坚固，不会轻易松动。

"一个鼻孔出气"

齿鲸大多只有 1 个呼吸孔，只能"一个鼻孔出气"，而且这个鼻孔主要用于换气，嗅觉功能已基本丧失。它们先呼出肺里积攒的气体，然后猛吸一口新鲜空气，再一头扎进水中，同时紧闭鼻孔，避免海水渗入肺部。为了适应水流，方便露出水面换气，它们的鼻孔早已移至头顶。

巨鲸军团——须鲸科

须鲸科的英文名称 "rorqual" 源自挪威语，意思是 "有深沟的鲸"。这群巨鲸自下颌到肚脐间，有许多长沟状的皮肤褶皱——喉腹褶。当它们张大嘴巴，一口灌进大量海水时，喉腹褶就会被撑开。

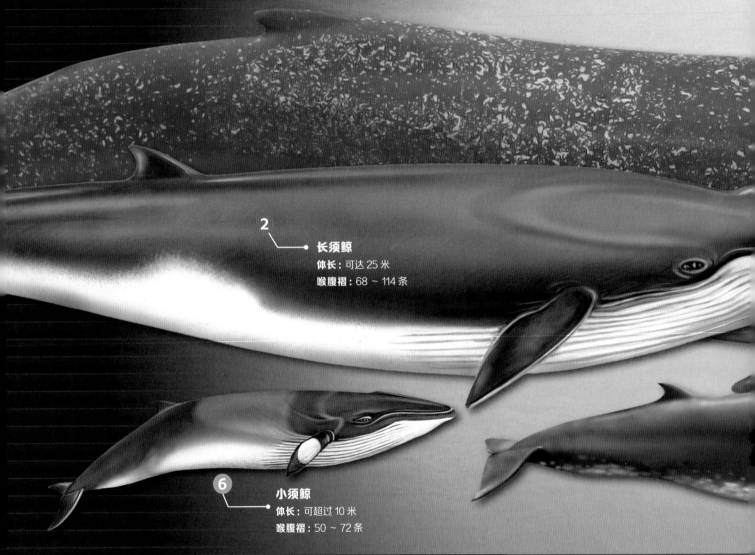

2
长须鲸
体长：可达 25 米
喉腹褶：68 ～ 114 条

6
小须鲸
体长：可超过 10 米
喉腹褶：50 ～ 72 条

① 蓝 鲸

　　蓝鲸是体形最大的海洋生物。为了节省体力，它平日里行动缓慢，时常静止不动。但为了填饱肚子，它会迅速摆动尾巴，以近 30 千米 / 时的速度冲向磷虾最密集的地方，然后张开巨嘴，往嘴里 "咕咕咕" 一顿乱灌，直到喉腹褶被完全撑开。

② 长须鲸

　　世界第二大的动物是什么？这个活在蓝鲸光环之下的 "千年老二" 就是长须鲸。它的叫声大得出奇，如同轰鸣的轮船引擎，远在几千千米以外也能听到。它的流线型躯体十分修长，游泳速度惊人，可达 40 多千米 / 时，被誉为 "海中猎犬"。

③ 塞 鲸

　　塞鲸是世界上第三大须鲸，仅次于蓝鲸和长须鲸，它每天需要大约 900 千克食物。由于身材细长，塞鲸急速游动时，如同一枚发射出击的重型鱼雷，快如闪电，疾似流星，速度可达 50 千米 / 时，是鲸豚王国中当之无愧的 "游泳冠军"。

大翅鲸
体长: 可达 18 米
喉腹褶: 12 ～ 36 条

蓝　鲸
体长: 可达 33 米
喉腹褶: 55 ～ 88 条

布氏鲸
体长: 约 14 米
喉腹褶: 40 ～ 70 条

塞　鲸
体长: 可达 20 米
喉腹褶: 32 ～ 60 条

知识加油站

这群庞然巨鲸的喉腹褶多达数十、上百条,它们密密麻麻地排列着,就像一台伸缩自如的手风琴。

4 大翅鲸

大翅鲸有一对极大的胸鳍,长度可达体长的三分之一,展开时就像鸟儿张开翅膀,故而得名"大翅鲸"。它性情活泼,喜欢纵身跃出水面,高举胸鳍,露出布满喉腹褶的大肚皮,在空中旋转一圈后落入水中,溅起一阵巨大的浪花。

5 布氏鲸

头顶 3 条隆起的脊突是布氏鲸独一无二的标记,须鲸科的其他成员只有 1 条。这个浑身暗灰色的家伙喜欢待在温暖的水域,水温最好在 20℃以上。和其他鲸不一样,它并不喜欢成群结队,常常单独出行,或者 2 ～ 5 头小群共游。

6 小须鲸

小须鲸是须鲸科中体形最小的一种。它的身体短而粗,头部尖而窄,背部呈深灰色,腹部呈白色,胸鳍中间有一块白色斑纹。小须鲸天性好奇,且乐于被观赏,甚至会主动靠近过往的船只和潜水员。

超级巨无霸——蓝鲸

　　非洲象是陆地上最大的动物，然而，与海洋里最大的动物蓝鲸相比，它完全是个小不点儿！非洲象体长可达 6 ~ 7.5 米，体重可达 6 吨；蓝鲸体长可达 33 米，体重近 180 吨！蓝鲸虽然身形巨大，却不会轻易坠入海底，海水的超强浮力支撑得住它的体重。

鲸 须

　　蓝鲸的上颌每侧密密麻麻悬挂着270 ~ 395片长约1米的黑色鲸须。这些巨大的角质薄片十分柔韧，不易被折断。

巨 嘴

　　如果蓝鲸张开巨嘴，一口足以吞下50个人。不过别担心，人类并不在它的菜单中，它的食物是各种小型浮游生物。

喉腹褶

　　蓝鲸有55 ~ 88条喉腹褶，它们是由皮肤和肌肉组成的可扩张性囊袋。当海水和磷虾一起涌入口中时，喉腹褶扩张，蓝鲸的口腔容量立刻增加数倍。

体长大比拼

蓝鲸

飞机

公共汽车

非洲象

蓝鲸究竟有多大？

　　一头蓝鲸究竟有多大？过去，由于它们的体形太过庞大，人们很难直接称重。到目前为止，人们精确测量过最大的蓝鲸长 30 余米，重约 180 吨，和 3 辆公共汽车或 5 头非洲象差不多长，相当于大约 30 头非洲象或 2500 个成年人的体重之和。

　　如果把蓝鲸里里外外测个遍，你会发现它的每一个部位都大得出奇！一条大舌头重约 3 吨，相当于一头成年河马的体重；一颗心脏重约 500 千克，和一头牛差不多重；血管特别粗，平均直径约 23 厘米，最粗处容得下小孩钻进去玩"管道滑滑梯"；如果把弯弯绕绕的肠子拉直，长度达 200 ~ 300 米，可以绕操场半圈有余……

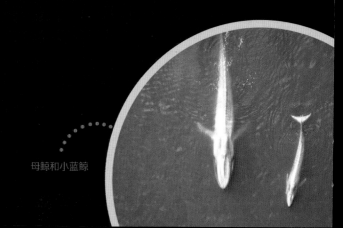

母鲸和小蓝鲸

地球最大嗓门

在迷蒙灰暗的海洋中，嗅觉和视觉能起的作用微乎其微，声音便成了蓝鲸交流、求偶和定位的重要手段。为了将声音传得更远、更清晰，蓝鲸将音量提高到 155 ~ 188 分贝，进化出"地球最大嗓门"。它一声长啸，比飞机起飞时的轰鸣声（约 140 分贝）还要响。

不过，蓝鲸选择了一种低频率的声音——声波频率只有 8 ~ 25 赫。这种声音在水下传播损耗小，传播距离远，即使相隔千里，两头蓝鲸也能敏锐地捕捉到声音的细微变化，准确判断彼此的距离、方位以及行进速度。不过，人耳能够听到的声波频率范围是 20 ~ 20 000 赫，如果不借助专业仪器，人类很难听到如此"震耳欲聋"的叫声。

如果将蓝鲸的声音振动频率提升 10 倍，使之适应人类的听力范围，那声音听起来就像是轮胎或火车的汽笛声，低沉而悠长。

鼻 孔

当蓝鲸浮出水面换气时，鼻孔一次呼出的气体可以充满200多个气球。

皮 肤

蓝鲸的皮肤呈深浅不一的青灰色，上面布满斑点，看起来和大理石的颜色差不多，但在海水中看上去是蓝色的。

身 形

蓝鲸的背鳍很小，整个身体呈流线型，看起来很像剃刀，所以它又被称为"剃刀鲸"。

眼 睛

比起庞大的身子，蓝鲸的眼睛实在太小了，只有15厘米宽！

蓝鲸宝宝

如果说蓝鲸是动物界的"超级巨无霸"，蓝鲸宝宝就是"迷你巨无霸"。秋冬时节，母鲸会产下一头小蓝鲸，这个小家伙一出生就有 7 米多长，近 3 吨重。出生后 7 个月内，蓝鲸宝宝不吃磷虾，但每天都要喝近 400 升母乳，体重每天也会增加约 90 千克。7 个月后，它的体长已达 16 米，体重也增至 22 吨，此时它已经可以自己吃磷虾来填饱肚子啦！

红色的粪便

虽然蓝鲸的嘴巴巨大，它的喉咙却只有柚子大小，所以磷虾是它的最爱，毕竟不磷虾不容易卡住喉咙。由于磷虾体内富含红色的虾青素，所以蓝鲸排出的粪便也是红色的！

长臂大侠——大翅鲸

伴随着"噗哇"一声巨响，大翅鲸朝水面纵身一跃，露出碗大的眼睛、黑灰色的大身子、驼峰状的拱背、密密麻麻的喉腹褶以及一对长长的胸鳍，犹如海洋中的一位"长臂大侠"。如果靠近细瞧，尔会发现，它又宽又大的嘴巴周围还长了几十个隆起的小节瘤，大小和高尔夫球差不多，每个小节瘤上长着一根长 1 ～ 3 厘米的粗糙毛发，以帮助它感知四周的环境。

知识加油站

大翅鲸，又名座头鲸。"座头"是日本江户时代对盲人琵琶师的别称。大翅鲸的背部不像其他鲸类那样平直，而是向上弓起，当它伸展"双翅"，在水面扑腾，整个身姿如同琵琶弯曲的琴头，故而又名"座头鲸"。

大翅鲸的胸鳍窄薄而狭长，是所有鲸类中最长的。胸鳍的前缘长有节瘤，形成波纹结构。这种结构能帮助它减少阻力，"抓住"水流，以确保身形庞大的它依然能敏捷行动。

水中音乐家

在大翅鲸家族，雄鲸和雌鲸并没有住在一起，而是散居于各地。到了恋爱的季节，它们该如何共赴甜蜜的约会呢？雄性大翅鲸会上演一场求偶大戏，它们一个接一个，以一定的节奏和频率，歌唱一首首动人的"情歌"，歌声悠长，能传至 100 千米开外。远方的雌鲸耐心也聆听每首歌，然后循着最动听的歌声，前去赴约。

年复一年，雌鲸总是听到同样的情歌，渐渐心生厌烦。为此，雄鲸不得不放弃旧日恋歌，与不同大洋的雄鲸进行"音乐交流"，调整旋律，改编时兴恋曲，以增加求爱的成功率。不过，它们到底在唱些什么，人类至今尚未破译。

太空中的鲸歌

1977 年，大翅鲸的歌声和另外 34 种自然界的声音、27 首乐曲、115 幅照片和近 60 种语言的问候语，被收录进一张名为"地球之音"的镀金铜制唱片中，乘坐旅行者号探测器，飞向了茫茫宇宙。不知道外星人会不会发现，并破译大翅鲸神秘的歌声呢？

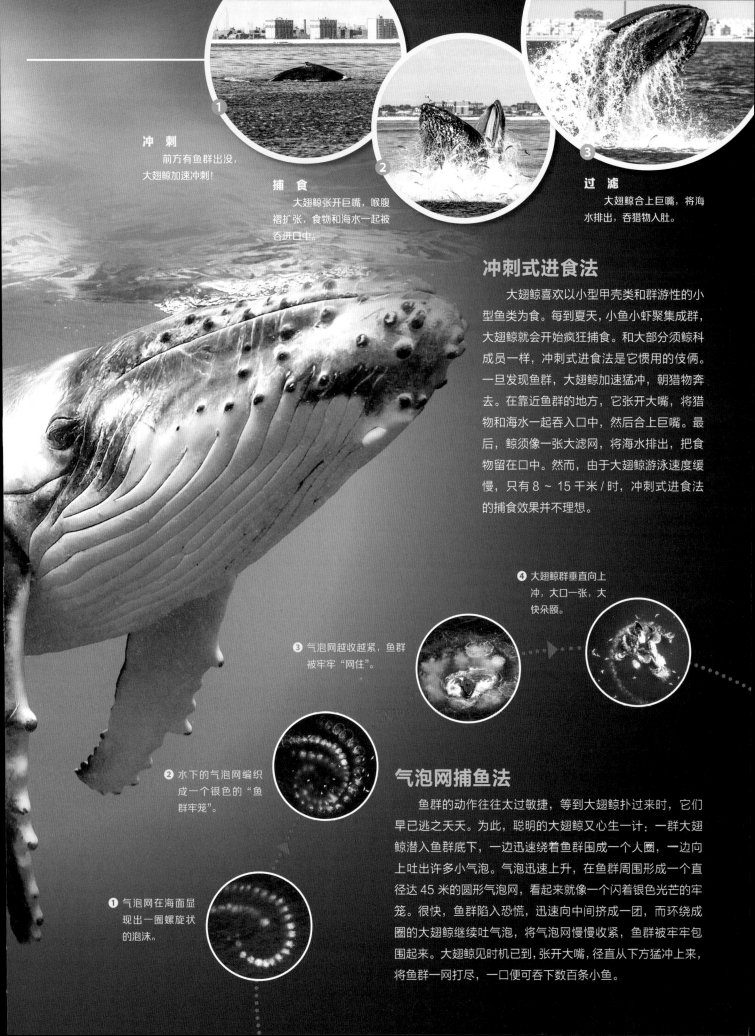

冲刺
前方有鱼群出没，
大翅鲸加速冲刺！

捕食
大翅鲸张开巨嘴，喉腹
褶扩张，食物和海水一起被
吞进口中。

过滤
大翅鲸合上巨嘴，将海
水排出，吞猎物入肚。

冲刺式进食法

大翅鲸喜欢以小型甲壳类和群游性的小型鱼类为食。每到夏天，小鱼小虾聚集成群，大翅鲸就会开始疯狂捕食。和大部分须鲸科成员一样，冲刺式进食法是它惯用的伎俩。一旦发现鱼群，大翅鲸加速猛冲，朝猎物奔去。在靠近鱼群的地方，它张开大嘴，将猎物和海水一起吞入口中，然后合上巨嘴。最后，鲸须像一张大滤网，将海水排出，把食物留在口中。然而，由于大翅鲸游泳速度缓慢，只有 8 ~ 15 千米 / 时，冲刺式进食法的捕食效果并不理想。

❹ 大翅鲸群垂直向上
冲，大口一张，大
快朵颐。

❸ 气泡网越收越紧，鱼群
被牢牢"网住"。

❷ 水下的气泡网编织
成一个银色的"鱼
群牢笼"。

气泡网捕鱼法

鱼群的动作往往太过敏捷，等到大翅鲸扑过来时，它们早已逃之夭夭。为此，聪明的大翅鲸又心生一计：一群大翅鲸潜入鱼群底下，一边迅速绕着鱼群围成一个人圈，一边向上吐出许多小气泡。气泡迅速上升，在鱼群周围形成一个直径达 45 米的圆形气泡网，看起来就像一个闪着银色光芒的牢笼。很快，鱼群陷入恐慌，迅速向中间挤成一团，而环绕成圈的大翅鲸继续吐气泡，将气泡网慢慢收紧，鱼群被牢牢包围起来。大翅鲸见时机已到，张开大嘴，径直从下方猛冲上来，将鱼群一网打尽，一口便可吞下数百条小鱼。

❶ 气泡网在海面显
现出一圈螺旋状
的泡沫。

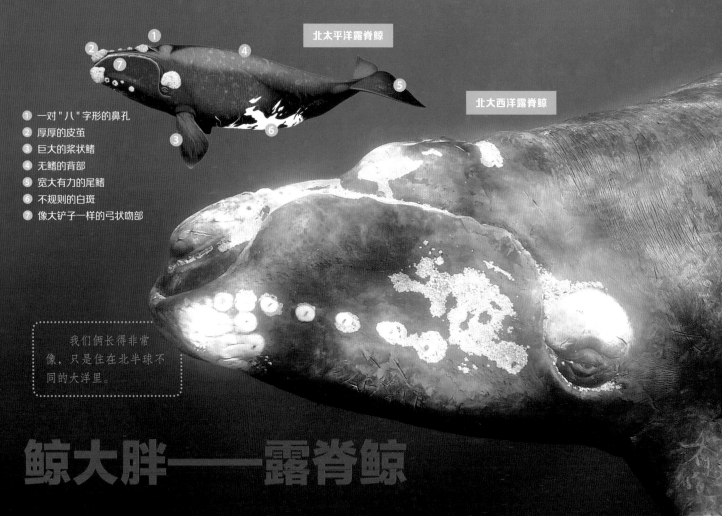

北太平洋露脊鲸

北大西洋露脊鲸

① 一对"八"字形的鼻孔
② 厚厚的皮革
③ 巨大的桨状鳍
④ 无鳍的背部
⑤ 宽大有力的尾鳍
⑥ 不规则的白斑
⑦ 像大铲子一样的弓状吻部

我们俩长得非常像，只是住在北半球不同的大洋里。

鲸大胖——露脊鲸

露脊鲸科的成员个个身形肥硕，体重可达上百吨。它们总是拖着沉重的身子，在水中慢慢悠悠、摇摇晃晃地游动。平时，它们移动的速度只有大约 4 千米 / 时，和人类正常行走时差不多快慢，即使铆足劲儿，它们也只能勉强加速至 9 ~ 10 千米 / 时，普通的渔船都能轻易追上它们，所以露脊鲸又被称为"易捕鲸"。

露脊鲸家族

目前，露脊鲸科共有 4 位成员：弓头鲸（生活在北极水域）、北太平洋露脊鲸（生活在北太平洋，中国的黄海和东海也有发现）、北大西洋露脊鲸（生活在北大西洋）和南方露脊鲸（生活在南半球）。弓头鲸长有一颗巨大而独特的弓状头颅，看起来与众不同，其他 3 位则长得十分相似，令人难以分辨。

南方露脊鲸

露脊鲸家族最大的种群就是南方露脊鲸。虽然母鲸全身黝黑，但它们可能会产下浑身雪白的幼鲸。由于太过与众不同，白色幼鲸有时会遭到父母和所在群体的排挤，好在长大后它们的肤色会渐渐变成和大家一样的灰黑色。

弓头鲸

在北极冰海中，弓头鲸顶着硕大的弓状头颅，"咚咚咚"几下便能撞破厚厚的冰层，为自己凿出一个可供换气的孔洞。值得一提的是，在整个须鲸家族中，弓头鲸的鲸须最长，黑色鲸须的长度超过 3 米。

"鲸大胖"

　　号称"鲸大胖"的露脊鲸身躯肥硕，肉嘟嘟、圆滚滚的躯体就像一个巨大的圆筒。它们体内的脂肪含量非常高，身体大约40%都是鲸脂，并且脂肪层会随着年龄增长越来越厚。由于脂肪含量太高，它们身体的相对密度偏小，所以当露脊鲸死后，它们的尸体会漂浮在水面上。

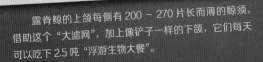

最大、最厚的皮茧长在露脊鲸上颌顶端，它看起来就像一顶凸起的帽子。

露脊鲸的上颌每侧有 200 ~ 270 片长而薄的鲸须，借助这个"大滤网"，加上像铲子一样的下颌，它们每天可以吃下 2.5 吨"浮游生物大餐"。

厚厚的皮茧

　　和其他须鲸相比，露脊鲸没有像手风琴一样的喉腹褶，光滑的背上也没有凸起的背鳍。在露脊鲸的头部，我们经常会看见一块块凹凸不平的厚皮茧，它们长在露脊鲸的嘴巴周围、鼻孔旁以及眼睛上方。如果近距离观察，你会发现，那一块块形状奇特的皮茧并不是真正的皮肤，而是大片大片的寄生群落，上面布满了鲸虱、藤壶和寄生蠕虫。

💡 知识加油站

露脊鲸的英文名字是 right whale，这个名字背后藏着它们的斑斑血泪。它们经常出没在离岸不远的浅海水域，极易被发现，加上体形肥胖，游得慢，易于追捕，而且被捕杀后尸体还会浮出水面，便于拖上岸处理，所以捕鲸人常将露脊鲸视为最适合捕杀的猎物。

海洋杂技团

　　虽然露脊鲸体形庞大，行动缓慢，摇摇晃晃，但这丝毫不能阻止它们撒欢，它们是活泼好动的海洋居民，时不时会上演惊人的特技。它们最喜欢表演"跳水"，跃身击浪、胸鳍拍水、鲸尾击浪……这些动作完成得一气呵成。此外，露脊鲸还会表演"倒立"，将宽大的尾鳍高高地举在半空中，持续摆尾可达 2 分钟之久。它们也非常贪玩，喜欢戳、撞或者推动水中的物体，轮流将物体带到水面戏耍一番。

"倒立"表演

"跳水"表演

灰色精灵——灰鲸

在一片温暖的浅海，一个尖三角形的脑袋突然从水中探出，好奇地四处张望。不过，由于皮肤上寄生着许多藤壶和鲸虱，灰色的皮肤看起来白斑密布。这位灰色精灵就是灰鲸，须鲸亚目灰鲸科唯一的成员。

浮 窥

借助肢体的浮力控制，以及鳍肢的辅助，灰鲸浮窥海面往往能持续数分钟。

藤 壶

藤壶的身体形似一座座小山，外围有坚硬的壳板，中间有一个小口。藤壶会分泌出黏性极强的藤壶胶，将自己牢牢地粘在灰鲸身上。

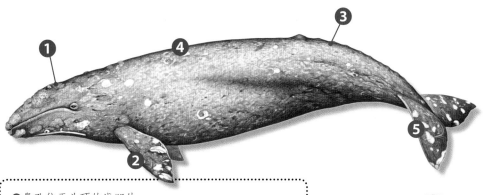

❶ 鼻孔位于头顶的浅凹处。

❷ 小小的胸鳍呈桨状，末端尖锐。

❸ 背上无鳍，但背部的后三分之一处有 7～15 个驼峰状小隆起。

❹ 皮肤呈斑驳的灰色，体表寄生着许多藤壶和鲸虱。

❺ 鲸虱聚集在尾部，呈点状或环状。

海底掘贝者

和其他须鲸一样，灰鲸的上颌也长着鲸须。在海中摄食时，灰鲸喜欢觅食泥沙中的甲壳类动物，为此它常常潜入浅海，紧贴海底缓慢移动。一旦发现猎物，灰鲸张开巨嘴，从海底铲起数吨淤泥，掀起厚厚的泥云团，将水、猎物连同淤泥一起吞入口中。随后，鲸须就像一张滤网，将淤泥和海水过滤出去，把食物留在嘴巴里。紧接着，灰鲸便可心满意足地用舌头将食物卷入肚中。

灰鲸的口内有 130～180 对乳白色至淡黄色的鲸须板，这些鲸须板长 20～30 厘米，又短又厚，非常适合在海底沉积物中觅食。

为了在海底翻出点"沉底饲料"，灰鲸不得不经常"吃土"。

疯狂寄生

如果游泳速度超过 40 千米 / 时，水流过快，藤壶、鲸虱等寄生生物几乎很难近身。但灰鲸是慢性子，它们的游泳速度极慢，平均游速只有 5 ~ 7 千米 / 时。只要碰上行动缓慢的灰鲸，大量藤壶、鲸虱立刻逮住机会，一窝蜂在灰鲸身上安家。一头灰鲸身上可以寄居重约 450 千克的藤壶和鲸虱。一旦被这些小家伙缠上，再想甩掉它们就没那么容易了，它们这一待可能就是一辈子。

魔鬼鱼？大顽童！

过去，人们称灰鲸为"魔鬼鱼"，因为它们被捕鲸人追捕时会奋力搏斗，但这其实只是为了自卫。实际上，灰鲸性情温顺，喜欢用脑袋或者肚皮轻轻摩擦海上的船只，这只是在与人类戏耍，或是用"搓澡"的方式把身上的小东西甩掉，并不是真的想将船掀翻。如果人类伸手去抚摸，它们也会探出头，主动凑过来，或者喷出水雾柱溅到人脸上，就像个顽皮的孩子一样。不过，这种亲密行为却让它们吃尽了苦头，由于靠船太近，它们经常被船底的螺旋桨割伤。

鲸 虱

体长0.8~2厘米的鲸虱看起来像只小蝎子。这群寄生高手会用坚固的口钳和节肢附着在灰鲸的皮肤上，仿佛"种"在它的身上一样。

想摸摸灰鲸吗？那就尽情地摸吧！它非常喜欢和人类亲近。

调皮的灰鲸将头露出水面，在水面喷出一道长长的"彩虹屁"。

灰鲸身上常常伤痕累累，有些是被船底的螺旋桨割伤后留下的，有些则是被凶猛的虎鲸咬伤后留下的。

深海猎人——抹香鲸

抹香鲸是世界上最大的齿鲸，体长可达 18 米，体重可超过 50 吨。它们喜欢生活在远离海岸的深海区，常常潜入幽深无光的海底，与深海鱿鱼、鲨鱼等进行搏斗。

上浮、下潜，有秘诀！

抹香鲸的头部有个巨大的腔室，里面储存着 1000 多升鲸蜡。鲸蜡的熔点达 40 多摄氏度，略高于抹香鲸的体温。要想在海洋里自如地下潜、上浮，控制鲸蜡的状态（固态或液态）是关键。

下潜时，抹香鲸减少鲸蜡器周围的供血，还吸入冰冷的海水，让鲸蜡遇冷凝固，抹香鲸脑袋体积变小，身体密度变大，头朝下就能迅速潜入深海。上浮时，抹香鲸增加对鲸蜡器周围的供血，鲸蜡受热融化，鲸蜡器膨胀，抹香鲸身体密度变小，头朝上便可轻松上浮。

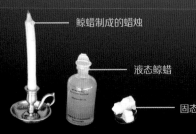

鲸蜡制成的蜡烛
液态鲸蜡
固态鲸蜡

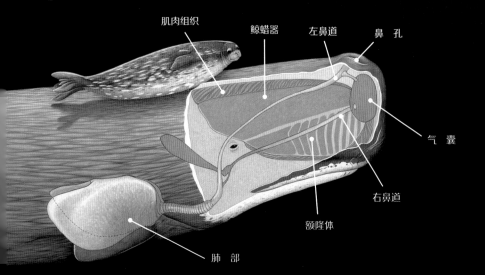

肌肉组织
鲸蜡器
左鼻道
鼻孔
气囊
右鼻道
额隆体
肺部

自带"氧气罐"

作为顶尖憋气能手，每次深潜前，抹香鲸都会精心准备一番。它先使劲儿深呼吸几分钟，直到肺部、血液和肌肉里充满氧气。待到下潜时，抹香鲸使出"缩骨功"，它的头部体积变小，腹腔也被压扁，血液流动大大减缓，整个身子进入低耗氧模式。就这样，凭借自带的"氧气罐"，抹香鲸创下了水下 2250 米、连续憋气 80 分钟的深潜纪录。

抹香鲸是位异形海怪，头重尾轻，有"巨头鲸"之称。它的方形脑袋异常巨大，占体长的四分之一至三分之一。

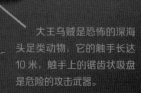

大王乌贼是恐怖的深海头足类动物，它的触手长达10米，触手上的锯齿状吸盘是危险的攻击武器。

抹香鲸 vs 大王乌贼

抹香鲸和大王乌贼是水火不容的"死对头"，一旦在深海相逢，它们之间必定有一场生死搏斗。但大多数时候，抹香鲸会利用"回声定位"系统，侦测大王乌贼的位置，上前寻衅滋事，挑起一场激烈的深海战斗。

第一回合　速战速决

如果抹香鲸找准时机，趁其不备，张开巨嘴，一口咬住大王乌贼，大王乌贼便不战而败，立马沦为抹香鲸的丰盛美餐。

第二回合　陷入缠斗

如果抹香鲸错失良机，被大王乌贼察觉，大王乌贼立即展开反攻，用触手紧紧缠住抹香鲸的头部，双方将陷入漫长的缠斗。

亮出"撒手锏"

大王乌贼利用触手上的锯齿状吸盘和锋利的倒钩，缠住抹香鲸的头部，堵住它的鼻孔。抹香鲸不甘示弱，张开巨嘴，死死咬住大王乌贼，将它撞向海底礁石。

漫长的搏斗

缠斗若超过1小时，抹香鲸必须浮出水面换气。大王乌贼明白，此时只要继续拖住抹香鲸，胜利将属于自己。但抹香鲸不会坐以待毙，它挣扎着将大王乌贼拽到水面。双方从深海到水面搏斗数个来回，搅得海水涌动，浪花翻滚。

胜利属于谁？

大多数时候，胜利属于体形更庞大、战斗力更强的抹香鲸，但它也是满身伤痕才换来一顿"乌贼大餐"。不过，在抹香鲸换气之际，大王乌贼如果能喷出"墨汁"，趁乱溜之大吉，就能逃过一劫。

知识加油站

抹香鲸一口吞掉乌贼和章鱼后，猎物的舌齿和喙骨等硬物不易消化，只得滞留在抹香鲸的胃肠内，被肠道分泌出的特殊蜡状物包裹起来，变成黑色或灰色的黏稠团块——龙涎香，经由口中吐出或随粪便排出。新鲜的龙涎香腥臭难闻，但在海面漂浮一段时间后，它渐渐褪色并散发奇香，成为名贵的香料。

龙涎香

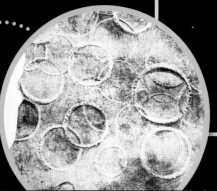

在激烈的海战中，大王乌贼用触手上密密麻麻的吸盘牢牢吸住抹香鲸的身子，在它的皮肤上留下了许多环状疤痕。

"独角兽"不是"独行侠"。一角鲸常常 10 ~ 100 头集结成群，游荡在北极冰海，追逐鱿鱼和比目鱼等猎物。

1/500

大多数雄性一角鲸都是"独角兽"，但500头雄鲸中可能会有1头"两角鲸"，也就是说，它的头上会冒出两颗牙齿，形成双长牙。

冰海奇兽——一角鲸科

在北纬 50°~ 80° 之间，浮冰之下看似毫无生机，一群冰海奇兽却格外喜欢这里的生活，它们就是属于一角鲸科的一角鲸和白鲸。每年冬天，北冰洋许多地方都会结冻，冰海奇兽只能退到白令海以南和格陵兰岛沿岸。春天一到，北冰洋的冰层崩裂，它们又会成群结队，返回北极冰海。

冰海独角兽

北极的浮冰下潜伏着一群神秘的"独角兽"——一角鲸，它们浑身布满斑点，头上那根长达两三米的"犄角"非常引人注目，但那并不是真正的犄角，而是一角鲸上颌左侧破唇而出的牙齿。其实，所有一角鲸的上颌都长着两颗牙齿，雌鲸的牙齿大多隐藏在上颌之中，雄鲸上颌左侧的那颗则会在幼年时破唇而出，最终长成一根硕大的螺旋形长牙。

一角鲸的长牙表面十分粗糙，布满了螺旋纹路，内部则是中空的，十分脆弱。为了避免长牙断裂，一角鲸不会用长牙凿冰，而是选择用脑袋撞破冰层。

知识加油站

其他鲸豚类想要转动脑袋，整个身子都得跟着一起动，因为它们的颈椎骨早已高度融合。白鲸和一角鲸的颈椎骨却是相互分离的，脖子十分灵活，转动脑袋时身体可以保持不动，这使得它们的视野非常开阔，利于捕食和躲避天敌。

长牙对对碰

人们推测，雄性一角鲸的长牙可能是争夺雌鲸的武器。为了一决高下，它们挥动如长剑般的长牙，发出如木棍互击般的"嘣嘣"声。一番打斗过后，各方都伤痕累累，但胜利往往属于长牙最长、最粗的那位，它可能会夺得族群的统治权，以及与更多雌鲸交配的权力。

白色魅影

在翡翠色的极地冰海中，另一位"白色精灵"——白鲸也露出了头。这里食物丰富，天敌很少，白鲸日日无忧无虑，优哉游哉，将大部分时间消磨在海面或贴近海面处。不过，白鲸并不是天生肤色雪白，而是随着年龄增大肤色渐渐变浅，从出生时的暗灰色慢慢变为灰色、淡灰色及微微泛蓝的白色。当5～10岁的白鲸性成熟后，它们才会换上一袭"白装"。

搓澡大军

夏季到来后，白鲸涌入开阔的入海口和浅滩，肆意打滚、翻身，并在沙砾上摩擦身体，不停给自己"搓澡"，以蜕去一身旧皮，换上一身纯净的白皮。

海中金丝雀

白鲸是一群活泼的夏季旅行家。每年7月，它们欢快地聚集到一起，开启浩浩荡荡的夏季旅行，旅行团的成员多达数万只。一路上，它们非常悠闲地四处晃荡，时不时还会"高歌一曲"，百米之外都能听到。

白鲸是鲸豚王国里最优秀的"歌唱家"，被人们亲切地称为"海中金丝雀"。它们能发出几百种声音，多只白鲸一起歌唱时，那声音听起来如同一曲交响乐。为了记录白鲸的声音，科学家曾在它们的迁徙目的地进行水下录音。在录音中，他们听到了嘶吼声、呼噜声、鸟叫声、啼哭声、汽笛声、啪啪声、推动生锈门板的嘎吱声……

白鲸没有背鳍，但背部有一条长长的坚韧的皮肤脊。利用这条皮肤脊，白鲸能击穿7厘米厚的冰层，凿出一个换气孔。

白鲸的前额有一块隆起的脂肪组织——额隆。它有回声定位的功能，能帮助白鲸侦测环境，搜寻猎物，与同伴交流。

白鲸是鼎鼎大名的表情大王，它改变前额与嘴唇的形状，就能做出微笑、皱眉等各种表情。

海豚家族

在热闹的海洋里，大明星海豚"豚丁兴旺"，是鲸豚王国最大的一科，全球已知有 30 余种，世界各大洋都有它们的踪影，尤其是热带的温暖海域。它们聪明好奇，活泼爱热闹，常常一大群聚集在海面，表演乘浪、跃水、滑水、空中转体等动作。等到捕猎时，它们又摇身一变，成为凶猛的猎手。

真海豚

真海豚的"真"意为最普通、最常见。行动敏捷的真海豚常常数十只聚集成群，在水中起舞，并不时腾空戏水。等它们跃出水面，你就会看到那黑灰色的背部，白色的大肚皮，以及身体两侧的黄色斑块。

土库海豚

个头小小的土库海豚非常机警，它们对过往的船只充满戒心。它们的潜水时间很短，很少超过1分钟（大多在30秒左右）。

伊河海豚

这个脑袋圆圆的灰色小精灵名叫伊河海豚，它总是悠闲、缓慢地在海中游动，时不时还会浮出水面，侧身翻滚。

飞旋原海豚

飞旋原海豚非常爱热闹，它们常常数十头、数百头甚至上千头集群出游，就像一个"海洋杂技团"，尽情地在水面表演着"前滚翻""后空翻""空中转体"等特技。

南露脊海豚

瓶鼻海豚

提起海豚，人们脑海中第一个出现的恐怕就是瓶鼻海豚，这位海豚明星经常出现在各种海洋公园和水族馆中。它喜欢和人类亲密接触，弯弯的嘴巴往上翘，看起来就像一位"微笑天使"。

露脊海豚

没有背鳍是露脊海豚在海豚家族中独一无二的标记。北露脊海豚浑身漆黑，胸部的白色色块十分隐蔽，常被误认为是海狮或海狗。南露脊海豚则喜欢毫不掩饰地露出白白的大肚皮，看起来就像灵活的企鹅。

北露脊海豚

花斑原海豚

暗色斑纹海豚

沙漏斑纹海豚

太平洋斑纹海豚

太平洋斑纹海豚非常喜欢与巨鲸共游，因为可以乘机顺着水流节省体力，就像搭便车一样。平日里，它们的游动速度只有7~11千米/时，但受到惊吓或逃跑时速度急速增加，最快可达55千米/时。

中华白海豚

这位粉粉嫩嫩的海豚十分珍稀，被誉为"水上大熊猫"。不过，它的肤色并非天生粉嫩，而是一直在变：刚出生时，皮肤呈深灰色；幼年时，深灰色渐渐变浅；等到成年后，灰色褪去，白色显露，一旦身体充血，还会呈现出美丽的粉红色。

弗氏海豚

弗氏海豚身形短胖，体重约200千克，嘴喙短，背鳍小，胸鳍也十分袖珍。它们常常几百只组成大群队，或者与其他海豚组建混合群队，在海洋中四处穿行。它们的游泳方式很激烈，行动迅捷，出水呼吸时经常搅起大片水花。

里氏海豚

它们是脑袋浑圆的大灰胖子，体重可达500千克，名字中带"海豚"二字的属它们体形最大。这群不安分的家伙经常互殴，用牙齿在彼此身上啃咬，留下一道道白色的疤痕，有些年长的里氏海豚甚至浑身是伤。

康氏矮海豚

圆滚滚、胖墩墩的小身子，加上黑白分明的花纹，让康氏矮海豚俨然一只可爱的大熊猫。

黑鲸类

并非所有海豚的名字里都有"海豚"二字，如领航鲸、虎鲸、伪虎鲸、瓜头鲸等，它们也是海豚家族的成员，统称为黑鲸类。

虎鲸

瓜头鲸

领航鲸

伪虎鲸

海洋霸王——虎鲸

虎鲸是体形最大的海豚，具有墨黑、雪白与浅灰的"熊猫配色"，搭配大而高耸的背鳍，让人非常容易辨认。不过，千万别被它可爱的外表骗了，它是海洋食物链的顶级掠食者，几乎没有天敌，小到鱼虾，大到海豹、鲨鱼，甚至庞大的须鲸，都有可能沦为它的腹中餐。

55千米/时

虎鲸同时拥有速度、耐心和力量，游泳速度快达55千米/时。猎物只要被它盯上，往往凶多吉少。

"方言"

虎鲸群各有"方言"，不同生态型的虎鲸语言互不相通。

不同生态型

在南极海域，你可能会遇到4种不同形态、不同"饮食文化"的虎鲸。

A型

体形最大，是最典型的形态，喜欢捕食须鲸。

B型

体形中等，体色偏黄或偏灰，常在浮冰区捕食海豹。

C型

体形最小，白色眼斑较斜，体色偏黄或偏灰，喜欢捕食鱼类。

D型

体形较小，"脑门"鼓起，白色眼斑小而细，喜欢捕食鱼类。

体 形

虎鲸长大以后，体长可达10米，体重超过9吨，光滑的身躯像鱼雷一样呈纺锤形。

体 色

它的背面为黑色，腹面呈白色，背鳍后方有一块浅灰色暗斑，两眼的后上方各有一块椭圆形白斑。

超级猎手

虎鲸智力出众、诡计多端是出了名的。在海上捕食时，它会将白白的肚子朝上，一动不动地漂在海上，伪装成一具死尸。待乌贼、海鸟、海豹、海狮等接近时，它突然翻身，露出真面目，张开血盆大口，一口将猎物吞入腹中。

如果遇到蓝鲸、鲨鱼等大型猎物，虎鲸会启动"群体作战"模式。一群虎鲸先将猎物围住，派两头虎鲸冲上去咬住猎物的大鳍肢，将它死死钳住。接下来，其他虎鲸一拥而上，让猎物毫无还击之力。

超级大胃王

人们曾发现，一头 7 米长的虎鲸胃里竟然有 13 头海豚、14 只海豹。据推测，一头 10 吨重的虎鲸每天的食量大约 400 千克，也就是说，鲑鱼、企鹅只够打牙祭，海豹勉强算小甜点，大白鲨、大翅鲸才能喂饱虎鲸一家。

大翅鲸

鲑鱼

海豹

大白鲨

企鹅

背鳍

高耸的背鳍就像一柄利刃，既是捕猎时的进攻武器，又能像舵一样帮助虎鲸保持身体平衡。

虎鲸女王

虎鲸生活在一个典型的母系家庭中，一个虎鲸群通常由一头老雌鲸和它的儿女及其他后代组成，最高统领往往是老雌鲸。老雌鲸位高权重，会将毕生所学传给子孙后代。老雌鲸的后代，无论雌雄，都非常依恋老雌鲸，终生都想待在老雌鲸身边。

老雌鲸非常擅长社交，一旦相同生态型的两个虎鲸群短暂相遇，它就会为到了谈婚论嫁年纪的儿女们安排"相亲"，让它们尽快传宗接代。它们的后代随女方留在各自的族群。不过，老雌鲸有些"重男轻女"，它更偏爱雄虎鲸。一旦它去世，年轻的雄虎鲸失去了庇护，一年内死亡的风险会增加数倍。

胸鳍

胸鳍大，呈桨状，随着年龄增长，老雄鲸的胸鳍最大可及体长的五分之一。

海中警犬

由于虎鲸头脑机智，人们会把它们训练成"海中警犬"，负责看护和管理鱼群，或者参与深海打捞。在美国海军夏威夷水下作战中心，人们每年花费数百万美元训练虎鲸，让它们承担深潜、导航、排雷等工作。

1

搁浅战术

狡诈的虎鲸有时会借助海浪搁浅在岸边，乘机叼住放松戒备的海狮，然后乘着下一波海浪退回海里。

2

旋转木马围猎法

遇到鱼群时，虎鲸会先潜入水下，绕着鱼群转圈，将它们团团住，然后轮流冲入鱼群中饱餐一顿。

神秘的喙鲸

鲸豚王国最神秘的成员莫过于喙鲸了。目前，喙鲸家族共有 20 余种喙鲸，是仅次于海豚家族的第二大家族。虽然它们种类众多，行踪却极为隐秘，即使偶遇，大多也只是海上的匆匆一瞥。更多时候，它们被发现时，早已是搁浅在岸上的腐臭尸体或者光秃秃的骨架。

喙鲸头骨

喙鲸的吻部多似尖锐的鸟喙，鳍状肢小而圆。它们的牙齿非常特别，大多数雄鲸上颌无齿，只有下颌会出现 1 ～ 2 对牙齿，且嘴巴紧闭时牙齿会暴露在外；大多数雌鲸的口腔内则根本看不到牙齿。

神龙见首不见尾

喙鲸大多长有细长的喙部，看上去和海豚极其相似，但比起海豚的满口尖牙，它们嘴里的牙齿就少得可怜了，多数时候仅下颌零星可见几颗。喙鲸大多是"深潜爱好者"，尤其是柯氏喙鲸，一口气能潜入 2992 米深的海底，憋气时间可达 2 小时多，连号称"深潜之王"的抹香鲸在它面前也得甘拜下风。由于喙鲸总是潜伏在深水区，神龙见首不见尾，人们很难发现它们的踪影。许多喙鲸甚至从未被人类发现过活体，只有被冲上岸的尸体或骨架证明它们存在过。

光秃秃的骨架

露出背鳍

浮出水面换气

搁浅在岸边的尸体

露出尾鳍

贝氏喙鲸

贝氏喙鲸是喙鲸家族当之无愧的巨无霸，成年鲸的体长可达近13米，在齿鲸家族中体长仅次于抹香鲸。细长的身子搭配长长的吻部，让它看起来像一根注射器。它的行踪相对没有那么神秘，有时会几十头结伴而行，出没在北太平洋上。不同于其他大多数喙鲸，贝氏喙鲸无论雌雄都有明显暴露在外的牙齿。

阿氏贝喙鲸

虽然外形和贝氏喙鲸十分相似，但阿氏贝喙鲸的体形略小，主要生活在南半球中高纬度地区。它们尖长的喙部微微上翘，且下颌比上颌长，下颌末端的牙槽内有两颗三角形牙齿露出来，但其实里面还藏有两颗牙齿，这两颗一般到晚年才会长出来。

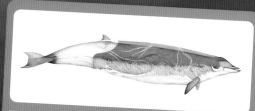

特鲁氏中喙鲸

目前，人们很少在海上偶遇它们，对它们在水中的行为几乎一无所知，只有约40具标本让人们对其略知一二。雄鲸的背部和体侧有许多疤痕，可能在求偶时曾发生过激烈的争斗。

柏氏中喙鲸

它的下颌骨形状奇特，如同一个铲状簸箕，几乎将上颌完全包住了。下颌近口角二分之一处向上隆起，隆起处长着两颗突出10~15毫米的牙齿，好似头顶的一对犄角。值得一提的是，柏氏中喙鲸的骨头是所有动物中密度最高的。

柯氏喙鲸

这个身体粗壮的家伙嘴巴并不尖锐，看起来短而粗，由于整个头部看起来就像鹅的喙部，故而又名鹅喙鲸。它们的下颌端向上微翘，成年雄鲸的下颌前端有一对圆锥形牙齿露出，雌鲸的牙齿则埋在齿龈里，并未露出。

谢氏塔喙鲸

这是喙鲸家族里的"奶油小生"，它浑身布满奶油色的花纹，还有突起的额隆和长而尖的喙部。与众不同的是，它的上、下颌牙槽内都长有牙齿。

小不点儿——鼠海豚

在鲸豚王国，一群"小不点儿"看起来有些与众不同，它们安静又害羞，喜欢独来独往，偶尔也会组成小群队，但很少像海豚那样表演空中特技。它们的体形比海豚短小，但圆鼓鼓的身体看起来比海豚粗壮。它们没有突出的吻部，圆圆的脑袋让它们看起来很像老鼠，人们称之为"鼠海豚"。

害羞的"小不点儿"

比起其他亲戚，鼠海豚一家害羞极了，它们既不爱凑热闹，也不爱显摆，甚至还有些胆怯。除了稍微活泼一些的白腰鼠海豚和江豚外，其他鼠海豚都不太敢靠近船只，更不敢跃身击浪，所以它们大多行踪隐秘。如果你想去海上偶遇鼠海豚，可能需要耐心加上一点儿运气。即使有机会偶遇，你也常常只能看到它们露出水面的背鳍和一小部分身子。

贪吃的"小不点儿"

如果打开鼠海豚的菜单，上面赫然写着 3 个大字——全鱼宴。没错，鼠海豚非常爱吃鱼，比目鱼、虾虎鱼、鳕鱼、鱿鱼（鱿鱼虽冠以鱼名，却是软体动物）……不过，因为喉咙不太大，鼠海豚吃的鱼一般小于 25 厘米。

这群"贪吃鬼"有一个令人羡慕不已的特征，那就是——狂吃不胖。其实，一头成年鼠海豚和一个体重约 55 千克的成年人体形差不多大，一个成年人一天只需摄入 1 ~ 2 千克食物，而一头鼠海豚一天要吃 5 千克食物，为什么它们会狂吃不胖呢？人类每天燃烧约 2000 卡（1 卡合 4.186 焦）的热量，但鼠海豚每天燃烧的热量可达 4300 卡，所以狂吃不胖的秘密是它们超高的代谢速率。

整个鲸豚王国里，我们鼠海豚的体形最小。我们和海豚不一样，它们的牙齿多呈锋利的圆锥状，我们的则多呈圆润的铲状或片状。

虾虎鱼

鱿鱼

比目鱼

55千米/时

白腰鼠海豚非常活跃，喜欢高速冲刺，然后突然消失无踪。凭借粗壮的躯干和极强的爆发力，它们的游泳速度可达55千米/时。

加湾鼠海豚

我住在加利福尼亚湾，长 1.2 ~ 1.5 米，是鲸豚王国体形最小的成员。我脑袋圆润，小眼睛亮得发光，眼周还有一圈"黑眼圈"。我天性胆怯、害羞，即使出水呼吸也只敢探出鼻孔，然后赶紧躲进水中。

白腰鼠海豚

我是鼠海豚家族里个头最大的，也是最活泼大胆的。我喜欢追逐游船玩耍，冲到船头乘浪而行，你们或许可以乘机瞧瞧我圆滚滚的白肚皮和背上的"黑战袍"。

棘鳍鼠海豚

我浑身黑乎乎的，你们也可以叫我"黑鼠海豚"。我生活在南美洲南部沿海地区，长着一个向后倾的低矮背鳍，这是我在鼠海豚家族独一无二的标记。

港湾鼠海豚

我是一只生活在北半球浅湾的港湾鼠海豚，喜欢四海为家。虽然你们很难一睹我的真容，但我喷气时动静很大，声音十分尖锐，就像打喷嚏一样，你们或许可以循着声音追寻我的踪迹。

黑眶鼠海豚

你们发现我的时候，我大概率已经是一具尸体了。我的肤色十分醒目，一半是黑色，一半是白色。我的眼睛周围有一圈黑环，看起来就像戴着一副黑框眼镜。

江 豚

大大的脑袋，小小的眼睛，加上微微上翘的嘴角，这就是我——"微笑天使"江豚。和其他家人相比，我的背上光溜溜的，没有背鳍。我喜欢生活在中国的长江，翻滚、跳跃、点头、喷水是我最喜欢的水上活动。

我叫长江江豚，听爷爷说，我们已经在地球上生活了 2500 万年。我喜欢在江里四处游荡，捕些小鱼小虾吃，时不时还会出水换气。如果遇到可爱的人类，我丝毫不会吝啬自己的招牌"微笑"。我们一度濒临灭绝，好在你们人类中有一群有识之士，他们及时拯救了我们，如今我们的种群数量正在慢慢恢复！

刚出生的鲸宝宝非常黏人，与妈妈几乎形影不离。几周之后，它才敢第一次离开妈妈，进行一次短途旅行，凭借自己的力量去认识世界。

孕育新生命

经过 5 ~ 10 年时间，不同种类的雌鲸终于性成熟，并开始出现排卵现象，这一切都是孕育鲸宝宝前的准备。到了繁殖期，它们会用心挑选夫婿，和心仪的雄鲸完成交配。很快，它们就会怀上鲸宝宝，孕期往往长达 11 ~ 16 个月，它们需要耐心等待，然后在水中产下一头幼鲸。双胞胎和多胞胎在鲸豚王国非常罕见。

爱的决斗

动物界的求偶竞争向来激烈，鲸豚王国也不例外。到了求偶期，"适龄男女"会聚集在一起，开始它们的求爱仪式。

在茫茫的大海上，一群雄鲸围在雌鲸身边，卖力地唱着求偶之歌，以期俘获雌鲸的芳心。不过，一旦竞争者变多，雄鲸可能会大打出手，用庞大的身体互相推挤、碰撞，并试图用头拍打对方，体形大、战斗力强的雄鲸往往占据上风。经过一番较量，雌鲸挑选出最心仪的夫婿，两头鲸便开始交配，孕育新的生命。

正在交配的白鲸

在海里怎么喂奶？

刚出生的幼鲸并不吃鱼虾，主要靠喝奶度日。但母鲸为了适应海洋，早已进化出完美的流线型身材，突出的乳头也不见了踪影。寻遍母鲸的全身，你会发现，它的肚子末端有 3 条裂缝：1 条长裂缝为生殖裂，里面藏着阴道和肛门；两侧的 2 条短裂缝为乳裂，乳头就藏于其中。也就是说，母鲸的乳头只不过是缩进体内，藏起来了而已。

幼鲸如果肚子饿了，便会在母鲸的肚皮上蹭来蹭去。心领神会的母鲸立即张开乳裂，伸出乳头，通过收缩和舒张肌肉，将乳汁泵出，直接喷射进幼鲸的口中。

知识加油站

幼鲸一生就会游泳，只不过无法在水下久待，每隔几分钟就得浮出水面换气。起初，母鲸会陪着它一起浮出水面，一段时间后，母鲸决定让它独自升到海面呼吸，自己则留在水下约 20 米处静静等候。

白鲸妈妈正在给幼鲸喂奶。

雌鲸和雄鲸的腹部都有一条长长的裂缝，里面隐藏着它们各自的生殖器，故称之为"生殖裂"。不过，雌鲸的肛门在生殖裂内，雄鲸的肛门则在生殖裂外。

小幼鲸出生啦！

怀胎十几个月后，母鲸终于要分娩了。在一片温暖的浅海，它将自己的身体弯成拱形，同时奋力向前疾游，并大幅弯曲尾部，这样持续近 1 小时后，幼鲸的尾巴终于从妈妈肚子里露出来了。经过大约 3 小时，幼鲸的整个身体完全从妈妈肚子里钻了出来。此时，母鲸得赶紧将幼鲸托举出水，让它呼吸来到世界后的第一口空气，不然它可能会被活活憋死。

1

怀孕的雌性宽吻海豚挺着大肚子，在海洋里游来游去。

2

宝宝终于要出生了，它的小尾巴率先从妈妈肚子里钻了出来。

3

海豚妈妈用力生产，宝宝也使劲往外钻。这个过程会持续近 2 小时。

4

宝宝的整个身子钻出来后，海豚妈妈会咬断连接彼此的脐带，让宝宝在水里自由游动。

5

刚出生的宝宝肺部有点缺氧，海豚妈妈得将它托举出水，呼吸第一口空气。

水中的秘密

鲸死后搁浅在岸边，人类通过剖解它们的尸体，就能对其身体结构了如指掌。但活着的鲸长年远离陆地，大部分时间又隐没在水中，对于它们在水里的种种行为，人类了解得很少。好在经过长久、耐心的观测和调查，它们在水中那些鲜为人知的秘密渐渐被发现。

200多次

别看20吨的大翅鲸貌似笨拙，即使拖着比几百个人加在一起还重的大身子，它也可以一连"跃身击浪"200多次，堪称灵活的"特技表演者"。

跃身击浪

抬头离水、跃入空中、转身入水、溅起水花……这一连串的跳水动作不仅来自跳水运动员，也可能来自鲸豚王国最壮观的海上表演——跃身击浪。只有此时，赏鲸人才能在海上看见鲸的整个身子。

个头小的鲸肢体灵活，可以完全跃出水面，完成一系列空中表演。个头大的鲸无法跃离水面，只能努力让身子的大约三分之二露在空中。还有些鲸不愿意露面，它们更乐意用头部、胸鳍和尾部完成击浪的动作。跃身击浪的动机有许多，可能是示爱、相互交流、驱赶鱼群、驱离寄生生物，可能是展示力量或者纯粹贪玩而已，也可能兼具多项功能。

半身击浪

由于身子太过庞大，许多须鲸无法灵活地将身子完全跳出水面，它们会悠闲地浮升半身，然后头朝上翻身入水。

空中翻转

海豚有时会贴水飞跃，划出一道完美的弧线，再利落入水，这可能是在觅食空中的海鸟。有时它们也会高高跃起，在半空完成翻转、扭体、转身等动作，这可能是饭后的消遣。

鲸尾击浪

某些鲸深潜时会将身体没于水下，尾部扬升至空中，猛力拍击水面，好让躯体以更陡的角度迅速潜入深海。

船尾乘浪

船尾激起的浪花引起了海豚的兴趣，它们乘浪而行，在浪花上扭体、转身或仰游，看起来惬意极了。

浮 漂

休息时，鲸群将背鳍全部朝着一个方向露出水面，一动不动地浮在海面上。这就是浮漂。

浮 窥

尽管齿鲸主要借助回声定位系统进行导航，但水上的动静依旧得靠眼睛打探。虎鲸时常在水面进行浮窥，将头部垂直探出水面，露出眼睛，通过肢体精巧的浮力控制，好好地打探四周一番。

胸鳍拍水

在水面仰泳时，大翅鲸喜欢伸出一对长长的胸鳍，在空中不停摆动，然后拍击水面，激起一阵阵水花。

世界上最孤独的鲸

1989 年，美国海军建立了一种水下声音检测系统。一天，这个设备突然接收到一些奇怪的声波信号，听起来像蓝鲸的声音，但蓝鲸的声音频率多为 8～25 赫，这头鲸发出的却是频率为 52 赫的声音，没有同伴能接收到它的信号。它愉快高歌时不会被听见，难过低鸣时也无人理睬，但它依然孤独地唱着。人们将这头发出 52 赫声音的鲸称作"世界上最孤独的鲸"。

回声定位

海底世界就像一个昏暗、嘈杂的菜市场，鲸在水下虽然也看得见东西，但 1000 米以下的深海漆黑一片，即使视力再好，也难以分辨周围的物体。为了摆脱水中视力不佳的困扰，齿鲸进化出一套具备回声定位能力的听觉系统，用于水下认路、觅食和与同伴交流。

回声定位是一个复杂的过程：齿鲸的头部有一个充满脂肪的瓜状器官——额隆，它就像一台声波发射器，朝着特定的方向发射声波，声波便像大喇叭一样向外扩散。一旦遇到障碍物，声波便反射回来形成回声。大脑立马捕捉到回声信号，分析障碍物的形状、大小、距离和位置，判断出前方到底是猎物、天敌、岩壁，还是同伴。

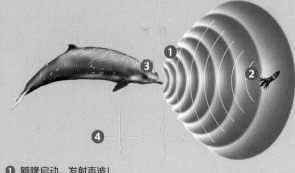

❶ 额隆启动，发射声波！
❷ 撞上障碍物，声波回弹！
❸ 大脑就位，接收、分析回声！
❹ 报告，这是一条鱿鱼！

噗噗噗，喷水啦

　　起初，鲸的鼻孔和人类的一样，长在嘴巴上方。但它们在水下用肺呼吸，得经常露出水面换气，每次头都要抬得高高的，这实在太麻烦了。于是，在漫长的演化过程中，它们的鼻孔逐渐向上挪，最终定格在头顶。每次浮出水面时，它们急速换气，鼻孔就会像喷水枪一样，喷出一道道"空中喷泉"。

鼻孔闭合，准备潜水啦！

鼻孔张开，"喷泉"发射！

鼻孔喷水枪

　　鲸的鼻孔和气管相连，一直通向肺部。潜水之前，鼻孔四周强健的肌肉十分放松，整个鼻孔完全闭合，以做好潜水准备。潜入水中一段时间后，它又得浮出水面换气，一旦出水，鼻孔处的肌肉便开始收缩，鼻孔得以完全张开。有时候，它的鼻孔还没完全露出水面，或者虽然完全露出水面，但周围还有一圈海水，从鼻孔中喷薄而出的气流就像喷水枪一样，"噗噗噗"溅出水花，形成高可达数米的水雾柱。

味道太臭啦！

　　尽管鲸用自带的"喷水枪"，在海面喷出一道道美丽壮观的"空中喷泉"，但你最好离它远一点，因为那味道实在太臭啦！不要太天真地以为，鲸喷出的水雾柱是它脑袋里进的水。其实，它喷出的多半是体内的废气，还有一些是新陈代谢产生的黏液。这些乱七八糟的东西和海水混在一起，最终形成了一道道水雾柱。

齿鲸的"单孔喷水枪"

须鲸的"双孔喷水枪"

千奇百怪的水雾柱

根据水雾柱的形状、高度和喷射方向，经验丰富的人们可以判断山鲸的种类和大小。体形小的齿鲸配有一架"单孔喷水枪"，它们换气的时间很短，喷出的水雾柱多是倾斜的，形状又粗又矮。体形庞大的须鲸配有一架"双孔喷水枪"，它们换气的时间很长，有的可以持续1分钟，喷出的水雾柱多是垂直的，形状又细又高。如果幸运的话，你甚至可以在须鲸的头顶看到"彩虹喷泉"。

V字喷水枪

露脊鲸的两个大鼻孔喷出两股大水雾，一股向左倾斜，一股向右倾斜，形成了一个大大的V字。

爱心喷水枪

小须鲸的两个大鼻孔喷出两道水雾柱，它们相互交叠在一起，看起来就像一颗大大的爱心。

超大号喷水枪

蓝鲸的鼻孔大得可以爬进去一个婴儿！这架"超大号喷水枪"喷出的水雾柱在空中混为一道，高度可达9~12米。

斜射喷水枪

由于右鼻孔天生"不通气"，抹香鲸只有左侧的"单孔喷水枪"，它喷出的水雾柱总是向左前方呈45°角倾斜。

迷你喷水枪

虎鲸来自齿鲸家族，它的头顶只有一个鼻孔，单孔"迷你喷水枪"喷出的水雾柱看起来十分迷你，远距离难以发现。

树丛状喷水枪

大翅鲸常常在尚未露出水面时就开始呼气了，它喷出的水雾柱并非狭长，而是呈树丛状。

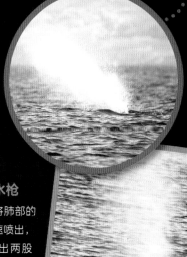

双合一喷水枪

长须鲸将肺部的废气向外迅速喷出，两个鼻孔喷出两股水雾，在空中融合为一道又高又直的水雾柱。

烟花喷水枪

领航鲸只有一个鼻孔，它喷出的水雾柱如同火星四溅的烟花。

团结力量大

沙丁鱼盛宴

海豚军团是沙丁鱼盛宴的"总策划"和"战斗先锋",它们将沙丁鱼群从深海赶到海面,然后开始疯狂围剿。沙丁鱼慌乱逃窜,海豚围追堵截,海洋一下子热闹了起来。

在激烈的海洋战场,技艺高超的海洋猎手比比皆是,稍有不慎,猎物随时有被吞食的风险。不过,鲸并不担心,它们庞大的体形足以震慑对手,更何况它们还是一个非常团结的群体。

保卫母鲸

大多数鲸都爱热闹,喜欢生活在一起。它们一起迁徙,一起觅食,一起分享食物,一起对抗捕食者,也很乐意相互照顾。

抹香鲸非常团结。母鲸在水中分娩时非常危险,虎鲸和鲨鱼随时可能乘"鲸"之危前来袭击。为了保卫分娩的母鲸,其他雌鲸会聚在一起,组建一个"妈妈团",团团围住正在分娩的母鲸,全方位保护它的安全。等到鲸宝宝出生,其他雌鲸也会帮忙,时不时将它托出水面呼吸换气。

抹香鲸妈妈在水中分娩时,其他雌鲸会聚拢,围成一个圈,形成保护墙。

组团作战

有些海洋猎手实力强劲，擅长独自作战，神不知鬼不觉地偷袭猎物。但更多时候，双拳难敌四手，组团作战可能是更明智的选择。猎手们可以通过默契的合作，一起包围和捕食猎物，这样往往更容易满载而归。在鲸豚王国，精通组团作战的不在少数，尤其是齿鲸家族的海豚。

每到沙丁鱼产卵的季节，生活在南大洋深处的沙丁鱼聚在一起，组成一个超大鱼群，开始了一年一度的大迁徙。当它们"大摇大摆"地向北进发时，海豚、鲨鱼、鲣鸟以及巨大的布氏鲸早已在沿途虎视眈眈。

疯狂的围剿

海豚利用回声定位，率先锁定了沙丁鱼群的位置！紧接着，数千头海豚成群结队赶到。经过一番排兵布阵，它们决定从鱼群底部发动攻击，将鱼群驱赶到海面，然后用气泡"织成"密网，将大鱼群分隔成一个个直径为 10 ~ 20 米的饵球。饵球一旦形成，沙丁鱼就会迷失方向，只能收缩防守，乱作一团。此时，海豚军团从四面八方一齐"围剿"饵球，尽情享用这顿沙丁鱼盛宴！混乱之下，鲨鱼、海豹、金枪鱼、鲣鸟、布氏鲸也纷纷奔赴盛宴，希望分得一杯羹。

海豚是天赋异禀的组团作战能手，它们最擅长采用驱赶法猎捕鱼群。

守护鲸宝宝

鲸宝宝出生后，"妈妈团"变成了"亲子团"。守护鲸宝宝的任务更加艰巨，毕竟刚出生的鲸宝宝非常弱小，鲸妈妈得寸步不离地照顾它们。平日里，鲸妈妈会将鲸宝宝围在鲸群之中，不容许出现任何闪失。不过，它们也得出去捕猎，以填饱肚子。但幼鲸年纪尚小，还不能跟着鲸妈妈下潜到深水区，所以总会有几只雌鲸留下来，待在幼鲸身边，帮忙照看和保护它们，直到鲸妈妈回来为止。

抹香鲸妈妈每 4 ~ 6 年才会怀胎一次，且孕期长达 18 个月。为了悉心呵护幼鲸，鲸妈妈得分工协作，共同守护鲸宝宝。

海豚军团

数千头海豚组成一支庞大的巡猎队伍，它们围困、驱赶沙丁鱼群，将鱼群分割成一个个饵球，然后痛痛快快地大吃一通。

空中猎手

看到水下的动静后，在空中等待多时的鲣鸟立刻抓住时机，收拢双翅，像流星一般俯冲入海，直捣沙丁鱼群。

滤食巨兽

体长 10 余米的布氏鲸从深海一跃而上，在鱼群密集处张开巨嘴，将沙丁鱼连同海水一口吞下，为这场饕餮盛宴收尾。

"牧场" 和 "育婴房"

须鲸是地球上的"长泳健将",它们每年都会跨越重洋,迁徙上万千米,完成一场奇妙的洄游之旅。夏季,它们会从低纬度热水区游向高纬度冷水区,在极地捕食磷虾和其他浮游生物,给自己贴上一层厚厚的肥膘。冬季,它们又会奔波数月,从高纬度冷水区一路游向低纬度热水区,并在温暖的海域产下幼鲸。

南极的夏季迎来"磷虾大爆发",在磷虾最密集的海域,每立方米水中磷虾的数量多达30 000只,这让须鲸们垂涎不已。

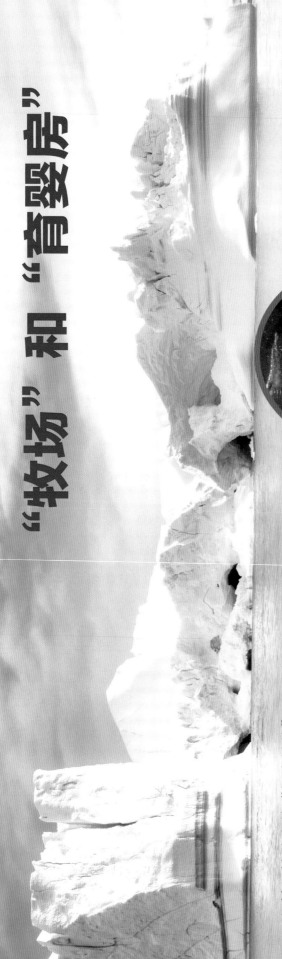

在冰冷的南极"牧场",大翅鲸大口吞食饱含磷虾和鱼群的水团。凭着一身厚厚的肥膘,即使在冰冷的极地海水里,大翅鲸也丝毫不会感觉寒冷。

大多数鲸栖居并不迁徙,而是终年留居于一个气候区,食物丰盛的栖息地。须鲸则不辞辛劳,每年定期远行长距离迁徙。

迁徙冠军

2011年，科学家在一头名叫"瓦尔瓦拉"的9岁雌性灰鲸的背部，装上了一个小小的追踪器，以记录下它的迁徙轨迹。瓦尔瓦拉从俄罗斯的东部海岸出发，横越北太平洋，然后沿着海岸线一路南下，一直游到了墨西哥附近的繁殖地。之后，它又沿着海岸线，顺利回到了俄罗斯的东部海岸。整个旅程历时172天，一来一回的路程长约22 500千米，创下了哺乳动物最远迁徙纪录。

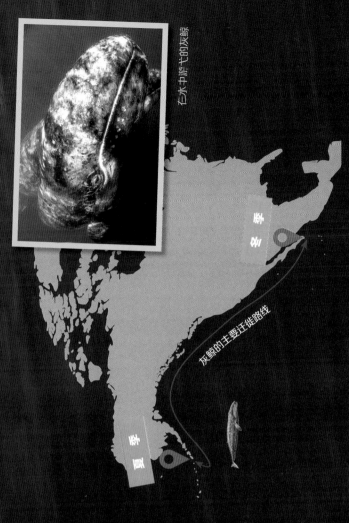

冰水中游弋的灰鲸

灰鲸的主要迁徙路线

夏季　冬季

灰鲸：漫长的旅程

12月~次年2月	3~10月	11月~次年3月	3~12月
冬天，雌性灰鲸告别觅食场，迁徙至利福尼亚州沿岸，在暖水区寻找伴侣，完成交配，怀上鲸宝宝。	冬去春来，怀孕后的雌性灰鲸需要补充能量。它一路北上，回到白令海，停吃吃喝喝，储存厚厚的脂肪。	眼看天气渐凉，雌性灰鲸再次返回温暖的墨西哥和美国加利福尼亚州沿岸，产下一只幼鲸，等待幼鲸慢慢长大。	由于食物短缺，哺乳也耗了大量脂肪，母鲸带着已经长大的幼鲸返回白令海，在冰冷的"牧场"尽情捕食浮游生物。

冰冷的"牧场"

在冰冷的极地海域，由于光照的影响，海洋的生产力非常高。这里的深层海水总是"咕噜咕噜"不断上涌，将底层的营养物质带到表层，为一大群浮游生物、鱼类和虾类动物提供了充足的能量。

每到夏季，在冰冷的极地海水中，磷虾等浮游生物颇受须鲸喜爱。为此，须鲸们总会不远万里，奔赴冰冷的极地"牧场"，大量摄食，以储存脂肪，为自己贴上一层厚厚的肥膘。

这些位于食物链底端的生物的……

夏季
整个大翅鲸群迁徙至高纬度、冷水海域的觅食区，并在那里顶"狂进食"。

冬季
大翅鲸群停留在低纬度、温暖海域的繁殖区，生下鲸宝宝，并陪伴它长大。

温暖的"育婴房"

极地海域的海水十分冰冷，成年鲸可以抵御严寒，幼鲸却没有足够的抗寒能力，因为它们身上还没有长出可以抵御寒冷的脂肪层。

每到秋季，鲸群会举家迁徙，离开冰冷的"牧场"，在冬季到来之前赶往温暖的"育婴房"。在温暖的海水里，怀孕的母鲸很快便会产下一个鲸宝宝。"育婴房"虽然海水温暖，适合幼鲸生长，却没有太多令它们心仪的食物。因此，母鲸不汉常饿着肚子，还要大量消耗之前储存的脂肪，给鲸宝宝喂奶。等鲸宝宝长得足够大后，鲸群便立刻启程，返回冰冷的"牧场"。

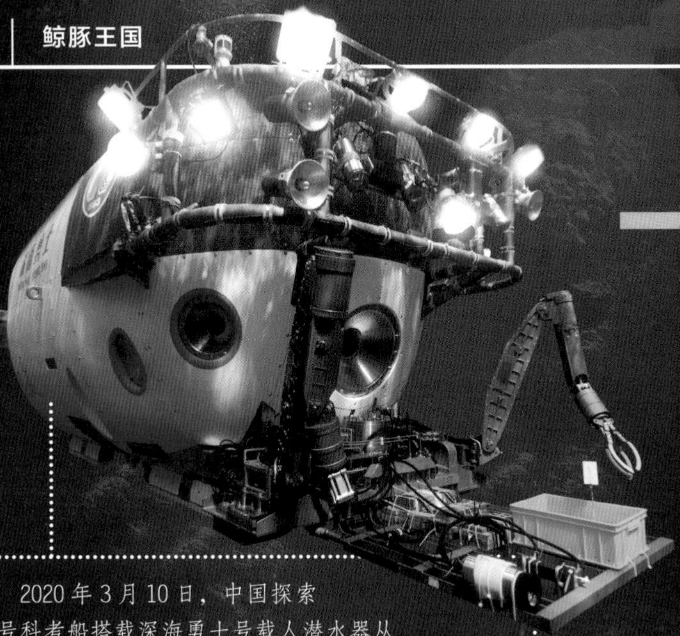

一鲸落，万物生

死亡，似乎是生命的终点，但有些死亡，又是更多生命的开始……鲸是非常有灵性的生物，它出生在海洋里，在海洋里生活了一辈子。在它死后，它的尸体沉入营养贫乏的海底，以一场隆重的"葬礼"——鲸落，回报这片养育过它的大海。

2020 年 3 月 10 日，中国探索一号科考船搭载深海勇士号载人潜水器从三亚启航，前往南海的海山和峡谷区。在南海 1600 米深处，科考人员发现了一具长约 3 米的鲸类动物尸体，它的附近有数十只铠甲虾、红虾，以及数条鼬鳚鱼……这是一个刚形成不久的鲸落，也是中国科学家首次发现的鲸落。

大王具足虫

铠甲虾

双栉虫

多毛虫

六鳃鲨

深海蟹

鼬鳚鱼

移动清道夫阶段 ➤ 机会主义者阶段

时长：4～12个月

当一头鲸死后沉入海底，六鳃鲨、鼬鳚鱼、盲

时长：2～4年

上一拨"吃货"散场后，一群体形较小的多毛类

今天有巨鲸大餐

深海如同一片贫瘠的荒漠，那里食物短缺，只有少数"雪花"（有机质）会沉入海底，但它们连给动物们塞牙缝都不够！

当一头鲸在海洋中死去，它庞大的尸体慢慢沉入漆黑的海底，为海底生物们献上了一顿"巨鲸大餐"。对于觅食者而言，这无异于天上掉馅饼。鲸的尸体跌入海底后，海水的巨大波动和强烈的腐臭味迅速传至千米外。接收到信号后，饥饿的食腐动物纷纷赶来赴宴，聚集在鲸的尸体周围，形成了一个独特的海洋生态系统——鲸落。

海底绿洲

一头 40 吨的鲸沉降到深海海床，大约相当于同等面积至少 2000 年间自然沉降的有机质。在北太平洋的深海中，至少有 43 个种类、10 000 多个生物体依靠鲸落生存。和深海热液、冷泉一样，鲸落就像沙漠中的绿洲，为数以万计的深海居民提供了食物补给。但由于人类对鲸的大量捕杀，沉入海底的鲸越来越少。迄今为止，人类只发现了不足 50 个这样的"海底绿洲"。

如何吃光一头鲸？

一个大型鲸落可以供养海底生物数十年甚至上百年。如何才能吃完这顿持续数十年的巨鲸大餐呢？

这是一场丰盛的"流水席"。最先赴宴的是深海鲨鱼和鼠尾鱼，它们大口大口地吞下肥美的鲸肉和鲸脂。闻到强烈的腐臭味后，盲鳗也风尘仆仆地赶来，钻进鲸鱼的脂肪层里大快朵颐。等到它们酒足饭饱离去后，多毛类和甲壳类动物"蹑手蹑脚"地靠拢，啃食骨头四周剩下的食物，或者钻进鲸骨里吸吮其中的脂肪，并在此安家落户。等到鲸肉被蚕食殆尽，数量庞大的厌氧菌也会加入这场宴席，分解鲸骨中的脂类，并排出硫化氢，引来另一批依赖硫化氢生活的微生物，它们或许会在这里坚守到最后……

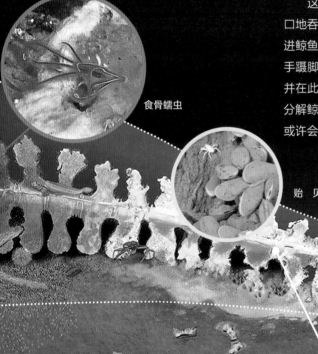

食骨蠕虫

贻贝

细菌垫和蠕虫地毯

有机物消耗殆尽，只剩一堆骨头。

化能自养阶段

时长：50～100 年

大量厌氧菌涌入鲸骨内，分解其中的脂类，排出硫化氢，引来了一批依赖硫化氢生活的化能自养菌。化能自养菌将硫化氢转化为有机质，又为贻贝、蠕虫等生物提供了食物。

礁岩阶段

"流水席"结束

待有机质被消耗殆尽，所有食客离场，只剩下一堆骨头，这场"盛宴"终告落幕，鲸落彻底沦为海底礁岩。深海珊瑚可能会在此落脚，建造另一个富有生机的乐园。

在日本北海道，一头小须鲸被大渔网捕获。

在北极地区，成堆的白鲸残骸铺满了斯瓦尔巴群岛的海滩。

拯救鲸豚

"渔民高举着长矛向水中用力刺去，海豚四处逃散，水面泛起水花，沸腾的海面最终趋于平静，留下一片血红……"纪录片《海豚湾》如实地记录下了这样一幕。究竟有多少鲸命丧大海? 恐怕数不胜数! 1986 年，国际捕鲸委员会通过了《全球禁止捕鲸公约》，严格禁止商业捕鲸，但平均每年仍有超千头鲸被捕杀。

鲸群大屠杀

法罗群岛是一个岩石群岛，位于挪威海与北大西洋之间。自1584 年开始，岛上的居民每年都会进行一次集体猎杀领航鲸的活动。狩猎者驾着数十艘渔船，从后方将鲸群团团围住，然后激起浪花，将它们驱赶至一个浅滩。紧接着，岸上的渔民手执锋利的鱼刀，集体宰杀搁浅的鲸群。短短 30 秒内，大片的海水被领航鲸的鲜血染红，血腥的场景令人触目惊心。

法罗群岛血腥的捕鲸活动

国际捕鲸委员会 • • • • •

INTERNATIONAL WHALING COMMISSION

贪婪与欲望

　　19—20 世纪，人们屠杀成千上万的鲸，只为得到几样东西——鲸油、鲸肉、鲸须、鲸齿等。

工艺品

紧身胸衣

照明燃料

鲸须伞

鲸 肉

从谋生到贪婪

　　数百年前，由于自然条件太恶劣，许多生活在高纬度地区的因纽特人无法种植农作物，只好登上捕鲸船出海捕鲸。他们获得了异常肥厚的鲸油、大量鲸肉，还将鲸皮制成御寒的衣物。很快，贪婪的捕鲸人嗅到了商机，他们组建庞大的捕鲸船队，四处屠戮这些浑身是宝的"海洋巨兽"。

海豚的微笑是大自然中最高明的伪装，这微笑让你误以为它们很快乐。

世界上最大的谎言

　　当你在海洋公园，看到海豚奋力蹦出水面，带着特有的"海豚式微笑"，高空顶球，钻呼啦圈，你报以热烈的掌声和兴奋的尖叫，你以为它和你一样开心，但事实绝非如此。有着 10 年海豚驯养经历的驯兽师会告诉你，海豚的微笑是世界上最大的谎言。

它不是真的快乐

　　你很难想象，在海洋里一天畅游上百千米的生灵，被囚禁在海洋馆的方寸之地是什么感受！在"憋屈"的水池里，它们没了往日的嬉戏打闹，只有高强度的训练、被迫的表演、人群的尖叫声，以及其他各种刺耳的噪声……渐渐地，它们变得焦虑、抑郁，严重者精神崩溃，甚至死亡。

"微笑海豚"事件

　　提里库姆是一头虎鲸，2 岁时，它不幸被人类捕捉，并被送入海洋馆进行高强度、高难度的表演训练，被囚禁长达 30 余年。在被囚禁的时间里，它的精神严重扭曲，最后失控杀害了 3 名训练员。

白鱀豚"淇淇"
体长：2.07 米
体重：98.5 千克
年龄：约 25 岁

"长江女神" 淇淇

我是白鱀豚"淇淇"，中国特有的水生哺乳动物，生活在长江。至今，我们家族已经在地球上生活了 2500 万年。在太阳光下，我的背部仿佛自带银光，人们称我为"长江女神"，但其实我是一个王子（雄性白鱀豚）哟！

谢谢好心人

1980 年 1 月 11 日，一个雨雪交加的日子，在靠近洞庭湖口的长江边，我搁浅了，被 4 位渔民捕获。我感到无助而绝望，我会和大多数同伴一样在劫难逃吗？

出乎意料的是，我遇到了救命恩人，人类中的有识之士！为了抢救奄奄一息的我，他们把我送到位于武汉的中国科学院水生生物研究所，还给我起了个名字——淇淇。到了第四天，我终于缓过神来，肚子饿得咕咕叫！人类向我投喂小鱼，面对美食的诱惑，我小心翼翼地挪过去，叼住第一条、第二条、第三条……一切似乎没那么可怕！

抹药，穿背心

由于我的身体太光滑，好心的渔民捕捞我时，用大铁钩钩在我背上，留下了两个大窟窿。很快，伤口发炎溃烂，我高烧不退，感觉快要死了！众人昼夜不眠地守着我，说着我听不懂的话，给我的伤口抹上稀奇古怪的药。不过，只要我往水里一扑腾，药就溶解了，似乎起不到太大作用。他们绞尽脑汁，为我配制良药，有进口的西药，也有传统的中药——云南白药，还为我穿上了一件防感染、维持药效的布背心。

在大家的悉心照料下，4 个多月后，我的伤口渐渐愈合。也是在这 100 多天的朝夕相处中，我和大家成了亲密的好朋友。

酷暑和寒冬

很快，我迎来了在"火炉城市"武汉的第一个盛夏，小水池的水温超过了 30℃，而长江的水温往往只有 25℃左右。烈日下，我头昏脑涨，好在科学家经常给我冲凉水澡，还用藿香正气丸为我解暑，这才让我安然无恙地度过了酷暑。到了寒冬，武汉的气温骤降至 -5℃。为了不让小鱼池结冰，科学家买来报废的降落伞，围在池塘周围，日夜轮流值守。寒来暑往，我艰难地走过了一个又一个年头！

2

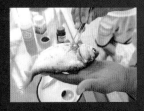

为了给我补充营养，细心的科学家经常往我爱吃的小鱼体内塞入各种保健品。

动物医生会定期为我做心电图等多项检查，以监测我的健康状况。

大家还会定期为我抽血化验，给我的皮肤消毒，让我健康长大。

❶ 我的身体呈流线型，躯干呈纺锤状。

❷ 我的喙部狭长，微微向上弯。

❸ 成年的我背部呈浅青灰色，腹面呈白色，与江水融为一体。

❹ 每隔 10 ~ 30 秒，我会浮出水面换气，并发出"扑哧扑哧"的响声。

奇趣AI动画

走进"中百小课堂"
开启线上学习
让知识动起来！

⊟ 扫一扫，获取精彩内容

住进"高级公寓"

1992 年 11 月，在众人的帮助下，我的新家——白鱀豚馆终于建成，我告别生活了近 13 年的简陋小水池，搬进了一间"高级公寓"——具有世界最先进水平的淡水鲸类动物饲养馆。这里宽敞又干净，水也始终保持恒温和清洁，我终于不用再忍受严冬和酷暑的折磨了！

人们定期清洁水池，好让我住在一个干净、舒适的"高级公寓"里。

2001 年，水生生物研究所里那群专门研究我的科学家和我一起合了张影。

再见，大家！

美好的日子一天天过去，我对人类越来越了解，和大家越来越亲密。谢谢你们对我无微不至的照顾，让我摆脱了长江里朝不保夕的动荡生活，以及被非法渔民捕杀的厄运。

就这样，我无忧无虑地生活了 22 年 185 天。2002 年 7 月 14 日上午，在白鱀豚馆，我闭上眼睛沉入池底，安详地离开了这个世界。此后，再未有活着的白鱀豚出现在人们的视野里。

与这个世界告别以后，我以标本的形式获得了永生。当你们看到我的标本时，请记住，我是白鱀豚，我曾经来过。

名词解释

白鱀豚：哺乳纲，鲸目，白鱀豚科，头圆有短颈，有背鳍，体背面淡蓝灰色，腹面白色，鳍白色。它主要栖息于中国长江中下游一带，是中国特有的一种淡水鲸，为国家一级保护动物，2007 年 8 月被宣布为功能性灭绝。

齿鲸：有齿，无鲸须，鼻孔一个，能发出超声波，有回声定位能力，种类繁多，如一角鲸、真海豚、抹香鲸、虎鲸等。

额隆：诸多齿鲸突出的前额，它可以起到回声定位的作用。

浮窥：头部垂直扬升出水，再缓缓潜入水中的行为。

浮漂：在水面或近水面处静止、随波漂游的行为。

搁浅：鲸豚类在水浅处被搁住而不能游回大海。

国际捕鲸委员会：1946 年成立，总部设于英国，主要任务是鲸豚保护和捕鲸管理。中国是 88 个成员国之一。

喉腹褶：某些鲸喉部或延伸至腹部的向内凹的沟缝。

化能自养菌：凡是能够利用某些无机物氧化时所产生的化学能作为能源，利用无机的碳化物作为碳素营养合成其自身有机物的微生物。

回声定位：某些动物通过发射声波，利用折回的声音来定向的方法。

鲸蜡：从抹香鲸等哺乳动物头部提取的特殊脂性蜡物质。

鲸蜡器：抹香鲸头部充满鲸蜡的软海绵组织构成的长桶形巨囊。

鲸落：当鲸在海洋中死去，尸体沉入海底，为深海生物提供养分，而形成的一个长达百年的生态系统。

鲸虱：寄居在某些鲸类身上的小型蟹状寄生生物。

鲸须板：须鲸类悬垂于口腔内、呈梳状的角质板。为须鲸的滤食器官，滤食海洋表层浮游生物。

鲸油：鲸豚类动物皮肤下方一层厚厚的脂肪层经提炼后就形成了鲸油。

磷虾：须鲸类动物的主要食物，为小型、虾状的甲壳类动物，有 80 多种。

龙涎香：抹香鲸肠胃的病态分泌物，形状如同结石，从鲸体内排出后漂浮于海面。它是黄色、灰色乃至黑色的蜡状物质，加热则软化并逐渐变为液体。它具有持久的香气，是名贵的香料。

皮茧：露脊鲸头部的粗皮或角质部位。

迁徙：动物规律性移居他处的过程，常与季节性气候改变、繁殖及摄食周期有关。

生态型：同一生物种的种群生态分类最小单位。不同生态型分别分布在特定的环境中，并具有形态、生理、遗传和适应性的差异。

胸鳍：鲸豚类动物的前肢。

须鲸：无齿，有鲸须，鼻孔一对，如长须鲸、蓝鲸、大翅鲸、露脊鲸、喙鲸等。

厌氧菌：在无氧条件下进行生命活动的一些细菌。

跃身击浪：全身（或近乎全身）跃离水面、着水时再掀起浪花的行为。

族群：同一品种的动物群，会与其他种类的动物群或杂交品种的动物隔离。

作者简介

张新桥

世界自然基金会（瑞士）北京代表处（WWF）武汉区域项目主任，长江江豚拯救联盟副秘书长，武汉白鱀豚保护基金会副秘书长。中国科学院水生生物研究所博士毕业后于 2011 年加入 WWF。自 2004 年至今 20 年从事湿地及旗舰物种长江江豚的研究和保护、支持以国家公园为主体的自然保护地体系建设、自然教育体系建设等工作。发表论文 11 篇，其中 SCI 6 篇（第一作者 2 篇）。2015 年获全国水生动物保护奉献奖。

中国少儿百科知识全书

鲸豚王国

张新桥 著

刘芳苇 熊灵杰 装帧设计

责任编辑 沈 岩 策划编辑 王惠敏
责任校对 陶立新 美术编辑 陈艳萍 技术编辑 许 辉

出版发行 上海少年儿童出版社有限公司
地址 上海市闵行区号景路159弄B座5—6层 邮编 201101
印刷 深圳市星嘉艺纸艺有限公司
开本 889×1194 1/16 印张 3.75 字数 50千字
2024年3月第1版 2024年3月第1次印刷
ISBN 978-7-5589-1871-1/N·1271
定价 35.00 元

图书在版编目（CIP）数据

鲸豚王国 / 张新桥著. — 上海：少年儿童出版社，
2024.3
（中国少儿百科知识全书）
ISBN 978-7-5589-1871-1

Ⅰ.①鲸… Ⅱ.①张… Ⅲ.①鲸—少儿读物②海豚—
少儿读物 Ⅳ.①Q959.841-49

中国国家版本馆CIP数据核字（2024）第033264号